化归与归纳·类比·联想

REDUCTION AND INDUCTION
ANALOGY ASSOCIATION

史久一 朱梧檟◎著

SCIENCE & HUMANITIES

12

数学科学文化理念传播丛书

（第一辑 ）

大连理工大学出版社
Dalian University of Technology Press

图书在版编目(CIP)数据

化归与归纳·类比·联想 / 史久一，朱梧槚著. -- 大连 ：大连理工大学出版社，2023.1
(数学科学文化理念传播丛书. 第一辑)
ISBN 978-7-5685-4079-7

Ⅰ. ①化… Ⅱ. ①史… ②朱… Ⅲ. ①数学方法—研究 Ⅳ. ①O1-0

中国版本图书馆 CIP 数据核字(2022)第 250903 号

化归与归纳·类比·联想

HUAGUI YU GUINA·LEIBI·LIANXIANG

大连理工大学出版社出版

地址：大连市软件园路 80 号　邮政编码：116023

发行：0411-84708842　邮购：0411-84708943　传真：0411-84701466

E-mail：dutp@dutp.cn　URL：https://www.dutp.cn

辽宁新华印务有限公司印刷　　大连理工大学出版社发行

幅面尺寸：185mm×260mm　印张：11　字数：175 千字

2023 年 1 月第 1 版　　2023 年 1 月第 1 次印刷

责任编辑：王　伟　　责任校对：李宏艳

封面设计：冀贵收

ISBN 978-7-5685-4079-7　　定价：69.00 元

SCIENCE & HUMANITIES

数学科学文化理念传播丛书 · 第一辑

编写委员会

总　序

一、数学科学的含义及其在学科分类中的定位

20 世纪 50 年代初，我曾就读于东北人民大学(现吉林大学)数学系，记得在二年级时，有两位老师①在课堂上不止一次地对大家说："数学是科学中的女王，而哲学是女王中的女王."

对于一个初涉高等学府的学子来说，很难认知其言真谛. 当时只是朦胧地认为，大概是指学习数学这一学科非常值得，也非常重要. 或者说与其他学科相比，数学可能是一门更加了不起的学科. 到了高年级时，我开始慢慢意识到，数学与那些研究特殊的物质运动形态的学科(诸如物理、化学和生物等)相比，似乎真的不在同一个层面上. 因为数学的内容和方法不仅要渗透到其他任何一个学科中去，而且要是真的没有了数学，则无法想象其他任何学科的存在和发展了. 后来我终于知道了这样一件事，那就是美国学者道恩斯(Douenss)教授，曾从文艺复兴时期到 20 世纪中叶所出版的浩瀚书海中，精选了 16 部名著，并称其为"改变世界的书". 在这 16 部著作中，直接运用了数学工具的著作就有 10 部，其中有 5 部是属于自然科学范畴的，它们分别是：

(1) 哥白尼(Copernicus)的《天体运行》(1543 年)；

(2) 哈维(Harvery)的《血液循环》(1628 年)；

(3) 牛顿(Newton)的《自然哲学之数学原理》(1729 年)；

(4) 达尔文(Darwin)的《物种起源》(1859 年)；

(5) 爱因斯坦(Einstein)的《相对论原理》(1916 年).

另外 5 部是属于社会科学范畴的，它们是：

---

① 此处的"两位老师"指的是著名数学家徐利治先生和著名数学家、计算机科学家王湘浩先生. 当年徐利治先生正为我们开设"变分法"和"数学分析方法及例题选讲"课程，而王湘浩先生正为我们讲授"近世代数"和"高等几何".

(6) 潘恩(Paine)的《常识》(1760 年);

(7) 史密斯(Smith)的《国富论》(1776 年);

(8) 马尔萨斯(Malthus)的《人口论》(1789 年);

(9) 马克思(Max)的《资本论》(1867 年);

(10) 马汉(Mahan)的《论制海权》(1867 年).

在道恩斯所精选的 16 部名著中,若论直接或间接地运用数学工具的,则无一例外.由此可以毫不夸张地说,数学乃是一切科学的基础、工具和精髓.

至此似已充分说明了如下事实:数学不能与物理、化学、生物、经济或地理等学科在同一层面上并列.特别是近 30 年来,先不说分支繁多的纯粹数学的发展之快,仅就顺应时代潮流而出现的计算数学、应用数学、统计数学、经济数学、生物数学、数学物理、计算物理、地质数学、计算机数学等如雨后春笋般地产生、存在和发展的事实,就已经使人们去重新思考过去那种将数学与物理、化学等学科并列在一个层面上的学科分类法的不妥之处了.这也是多年以来,人们之所以广泛采纳"数学科学"这个名词的现实背景.

当然,我们还要进一步从数学之本质内涵上去弄明白上文所说之学科分类上所存在的问题,也只有这样才能使我们在理性层面上对"数学科学"的含义达成共识.

当前,数学被定义为从量的侧面去探索和研究客观世界的一门学问.对于数学的这样一种定义方式,目前已被学术界广泛接受.至于有如形式主义学派将数学定义为形式系统的科学,更有如形式主义者柯亨(Cohen)视数学为一种纯粹的在纸上的符号游戏,以及数学基础之其他流派所给出之诸如此类的数学定义,可谓均已进入历史博物馆,在当今学术界,充其量只能代表极少数专家学者之个人见解.既然大家公认数学是从量的侧面去探索和研究客观世界,而客观世界中任何事物或对象又都是质与量的对立统一,因此没有量的侧面的事物或对象是不存在的.如此从数学之定义或数学之本质内涵出发,就必然导致数学与客观世界中的一切事物之存在和发展密切相关.同时也决定了数学这一研究领域有其独特的普遍性、抽象性和应用上的极端广泛性,从而数学也就在更抽象的层面上与任何特殊的物质运动形式息息相关.由此可见,数学与其他任何研究特殊的物质运动形态的学科相比,要高出一个层面.在此或许可以认为,这也就是本人少时所闻之“数学是科学中的女王”一语的某种肤浅的理解.

再说哲学乃是从自然、社会和思维三大领域,即从整个客观世界的存在及其存在方式中去探索科学世界之最普遍的规律性的学问,因而哲学是关于整个客观世界的根本性观点的体系,也是自然知识和社会知识的最高概括和总结.因此哲学又要比数学高出一个层面.

这样一来,学科分类之体系结构似应如下图所示:

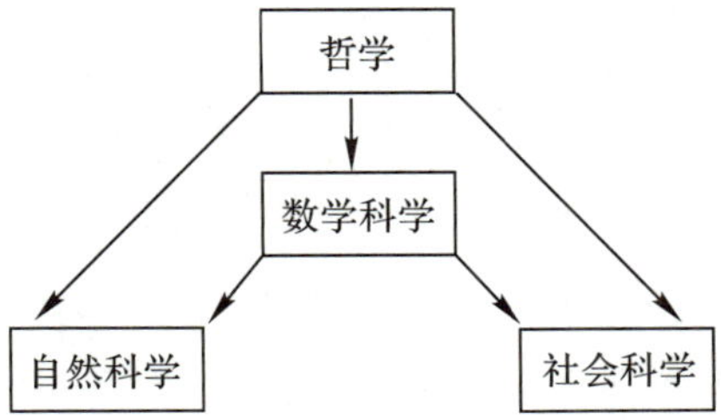

如上直观示意图的最大优点是凸显了数学在科学中的女王地位,但也有矫枉过正与骤升两个层面之嫌.因此,也可将学科分类体系结构示意图改为下图所示:

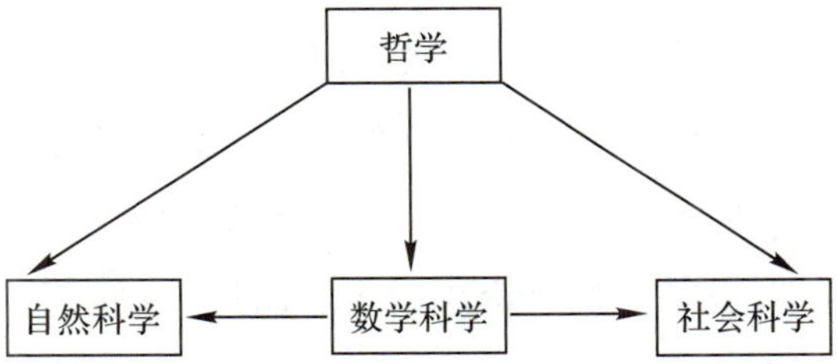

如上示意图则在于明确显示了数学科学居中且与自然科学和社会科学相并列的地位,从而否定了过去那种将数学与物理、化学、生物、经济等学科相并列的病态学科分类法.至于数学在科学中之“女王”地位,就只能从居中角度去隐约认知了.关于学科分类体系结构之如上两个直观示意图,究竟哪一个更合理,在这里就不多议了,因为少时耳闻之先入为主,往往会使一个人的思维方式发生偏差,因此留给本丛书的广大读者和同行专家去置评.

二、数学科学文化理念与文化素质原则的内涵及价值

数学有两种品格，其一是工具品格，其二是文化品格. 对于数学之工具品格而言，在此不必多议. 由于数学在应用上的极端广泛性，因而在人类社会发展中，那种挥之不去的短期效益思维模式必然导致数学之工具品格愈来愈突出和愈来愈受到重视. 特别是在实用主义观点日益强化的思潮中，更会进一步向数学纯粹工具论的观点倾斜，所以数学之工具品格是不会被人们淡忘的. 相反地，数学之另一种更为重要的文化品格，却已面临被人淡忘的境况. 至少数学之文化品格在今天已不为广大教育工作者所重视，更不为广大受教育者所知，几乎到了只有少数数学哲学专家才有所了解的地步. 因此我们必须古识重提，并且认真议论一番数学之文化品格问题.

所谓古识重提指的是：古希腊大哲学家柏拉图(Plato)曾经创办了一所哲学学校，并在校门口张榜声明，不懂几何学的人，不要进入他的学校就读. 这并不是因为学校所设置的课程需要几何知识基础才能学习，相反地，柏拉图哲学学校里所设置的课程都是关于社会学、政治学和伦理学一类课程，所探讨的问题也都是关于社会、政治和道德方面的问题. 因此，诸如此类的课程与论题并不需要直接以几何知识或几何定理作为其学习或研究的工具. 由此可见，柏拉图要求他的弟子先行通晓几何学，绝非着眼于数学之工具品格，而是立足于数学之文化品格. 因为柏拉图深知数学之文化理念和文化素质原则的重要意义. 他充分认识到立足于数学之文化品格的数学训练，对于陶冶一个人的情操，锻炼一个人的思维能力，直至提升一个人的综合素质水平，都有非凡的功效. 所以柏拉图认为，不经过严格数学训练的人是难以深入讨论他所设置的课程和议题的.

前文指出，数学之文化品格已被人们淡忘，那么上述柏拉图立足于数学之文化品格的高智慧故事，是否也被人们彻底淡忘甚或摒弃了呢？这倒并非如此. 在当今社会，仍有高智慧的有识之士，在某些高等学府的教学计划中，深入贯彻上述柏拉图的高智慧古识. 列举两个典型示例如下：

例 1,大家知道,从事律师职业的人在英国社会中颇受尊重. 据悉,英国律师在大学里要修毕多门高等数学课程,这既不是因为英国的法律条文一定要用微积分去计算,也不是因为英国的法律课程要以高深的数学知识为基础,而只是出于这样一种认识,那就是只有通过严格的数学训练,才能使之具有坚定不移而又客观公正的品格,并使之形成一种严格而精确的思维习惯,从而对他取得事业的成功大有益助. 这就是说,他们充分认识到数学的学习与训练,绝非实用主义的单纯传授知识,而深知数学之文化理念和文化素质原则,在造就一流人才中的决定性作用.

例 2,闻名世界的美国西点军校建校超过两个世纪,培养了大批高级军事指挥员,许多美国名将也毕业于西点军校. 在该校的教学计划中,学员除了要选修一些在实战中能发挥重要作用的数学课程(如运筹学、优化技术和可靠性方法等)之外,还要必修多门与实战不能直接挂钩的高深的数学课. 据我所知,本丛书主编徐利治先生多年前访美时,西点军校研究生院曾两次邀请他去做“数学方法论”方面的讲演. 西点军校之所以要学员必修这些数学课程,当然也是立足于数学之文化品格. 也就是说,他们充分认识到,只有经过严格的数学训练,才能使学员在军事行动中,把那种特殊的活力与高度的灵活性互相结合起来,才能使学员具有把握军事行动的能力和适应性,从而为他们驰骋疆场打下坚实的基础.

然而总体来说,如上述及的学生或学员,当他们后来真正成为哲学大师、著名律师或运筹帷幄的将帅时,早已把学生时代所学到的那些非实用性的数学知识忘得一干二净. 但那种铭刻于头脑中的数学精神和数学文化理念,仍会长期地在他们的事业中发挥着重要作用. 亦就是说,他们当年所受到的数学训练,一直会在他们的生存方式和思维方式中潜在地起着根本性的作用,并且受用终身. 这就是数学之文化品格、文化理念与文化素质原则之深远意义和至高的价值所在.

三、“数学科学文化理念传播丛书”出版的意义与价值

有现象表明,教育界和学术界的某些思维方式正深陷于纯粹实用

主义的泥潭,而且急功近利、短平快的病态心理正在病入膏肓.因此,推出一套旨在倡导和重视数学之文化品格、文化理念和文化素质的丛书,一定会在扫除纯粹实用主义和诊治急功近利病态心理的过程中起到一定的作用,这就是出版本丛书的意义和价值所在.

那么究竟哪些现象足以说明纯粹实用主义思想已经很严重了呢?详细地回答这一问题,至少可以写出一本小册子来.在此只能举例一二,点到为止.

现在计算机专业的大学一、二年级学生,普遍不愿意学习逻辑演算与集合论课程,认为相关内容与计算机专业没有什么用.那么我们的教育管理部门和相关专业人士又是如何认知的呢?据我所知,南京大学早年不仅要给计算机专业本科生开设这两门课程,而且要开设递归论和模型论课程.然而随着思维模式的不断转移,不仅递归论和模型论早已停开,逻辑演算与集合论课程的学时也在逐步缩减.现在国内坚持开设这两门课的高校已经很少了,大部分高校只在离散数学课程中给学生讲很少一点逻辑演算与集合论知识.其实,相关知识对于培养计算机专业的高科技人才来说是至关重要的,即使不谈这是最起码的专业文化素养,难道不明白我们所学之程序设计语言是靠逻辑设计出来的?而且柯特(Codd)博士创立关系数据库,以及施瓦兹(Schwartz)教授开发的集合论程序设计语言 SETL,可谓全都依靠数理逻辑与集合论知识的积累.但很少有专业教师能从历史的角度并依此为例去教育学生,甚至还有极个别的专家教授,竟然主张把"计算机科学理论"这门硕士研究生学位课取消,认为这门课相对于毕业后去公司就业的学生太空洞,这真是令人瞠目结舌.特别是对于那些初涉高等学府的学子来说,其严重性更在于他们的知识水平还不了解什么有用或什么无用的情况下,就在大言这些有用或那些无用的实用主义想法.好像在他们的思想深处根本不知道高等学府是培养高科技人才的基地,竟把高等学府视为专门培训录入、操作与编程等技工的学校.因此必须让教育者和受教育者明白,用多少学多少的教学模式只能适用于某种技能的培训,对于培养高科技人才来说,此类纯粹实用主义的教学模式是十分可悲的.不仅误人子弟,而且任其误入歧途继续陷落下去,必将直接危害国家和社会的发展前程.

另外，现在有些现象甚至某些评审规定，所反映出来的心态和思潮就是短平快和急功近利，这样的软环境对于原创性研究人才的培养弊多利少. 杨福家院士说：①

"费马大定理是数学上一大难题，360 多年都没有人解决，现在一位英国数学家解决了，他花了 9 年时间解决了，其间没有写过一篇论文. 我们现在的规章制度能允许一个人 9 年不出文章吗？

"要拿诺贝尔奖，都要攻克很难的问题，不是灵机一动就能出来的，不是短平快和急功近利就能够解决问题的，这是异常艰苦的长期劳动."

据悉，居里夫人一生只发表了 7 篇文章，却两次获得诺贝尔奖. 现在晋升副教授职称，都要求在一定年限内，在一定级别杂志上发表一定数量的文章，还要求有什么奖之类的，在这样的软环境里，按照居里夫人一生中发表文章的数量计算，岂不只能当个老讲师？

清华大学是我国著名的高等学府，1952 年，全国高校进行院系调整，在调整中清华大学变成了工科大学. 直到改革开放后，清华大学才开始恢复理科并重建文科. 我国各层领导开始认识到世界一流大学均以知识创新为本，并立足于综合、研究和开放，从而开始重视发展文理科. 11 年前，清华人立志要奠定世界一流大学的基础，为此而成立清华高等研究中心. 经周光召院士推荐，并征得杨振宁先生同意，聘请美国纽约州立大学石溪分校聂华桐教授出任高等中心主任. 5 年后接受上海《科学》杂志编辑采访，面对清华大学软环境建设和我国人才环境的现状，聂华桐先生明确指出②：

"中国现在推动基础学科的一些办法，我的感觉是失之于心太急. 出一流成果，靠的是人，不是百年树人吗？培养一流科技人才，即使不需百年，却也绝不是短短几年就能完成的. 现行的一些奖励、评审办法急功近利，凑篇数和追指标的风气，绝不是真心献身科学者之福，也不是达到一流境界的灵方. 一个作家，您能说他发表成百上千篇作品，就能称得上是伟大文学家了吗？画家也是一样，真正的杰出画家也只凭

① 王德仁等，杨福家院士"一吐为快——中国教育 5 问"，扬子晚报，2001 年 10 月 11 日 A8 版.

② 刘冬梅，营造有利于基础科技人才成长的环境——访清华大学高等研究中心主任聂华桐，科学，Vol. 154，No. 5，2002 年.

少数有创意的作品奠定他们的地位. 文学家、艺术家和科学家都一样,质是关键,而不是量.

"创造有利于学术发展的软环境,这是发展成为一流大学的当务之急."

面对那些急功近利和短平快的不良心态及思潮,前述杨福家院士和聂华桐先生的一番论述,可谓十分切中时弊,也十分切合实际.

大连理工大学出版社能在审时度势的前提下,毅然决定立足于数学文化品格编辑出版"数学科学文化理念传播丛书",不仅意义重大,而且胆识非凡. 特别是大连理工大学出版社的刘新彦和梁锋等不辞辛劳地为丛书的出版而奔忙,实是智慧之举. 还有 88 岁高龄的著名数学家徐利治先生依然思维敏捷,不仅大力支持丛书的出版,而且出任丛书主编,并为此而费神思考和指导工作,由此而充分显示徐利治先生在治学领域的奉献精神和远见卓识.

序言中有些内容取材于"数学科学与现代文明"①一文,但对文字结构做了调整,文字内容做了补充,对文字表达也做了改写.

朱梧槚

2008 年 4 月 6 日于南京

---

① 1996 年 10 月,南京航空航天大学校庆期间,名誉校长钱伟长先生应邀出席庆典,理学院名誉院长徐利治先生应邀在理学院讲学,老友朱剑英先生时任校长,他虽为著名的机械电子工程专家,但从小喜爱数学,曾通读《古今数学思想》巨著,而且精通模糊数学,又是将模糊数学应用于多变量生产过程控制的第一人. 校庆期间钱伟长先生约请大家通力合作,撰写《数学科学与现代文明》一文,并发表在上海大学主办的《自然杂志》上. 当时我们就觉得这个题目分量很重,要写好这个题目并非轻而易举之事. 因此,徐利治、朱剑英、朱梧槚曾多次在一起研讨此事,分头查找相关文献,并列出提纲细节,最后由朱梧槚执笔撰写,并在撰写过程中,不定期会面讨论和修改补充,终于完稿,由徐利治、朱剑英、朱梧槚共同署名,分为上、下两篇,作为特约专稿送交《自然杂志》编辑部,先后发表在《自然杂志》1997,19(1):5-10 与 1997,19(2):65-71.

目　录

引　言

所谓“化归”，从字面上看，应可理解为转化和归结的意思．数学方法论中所论及的“化归方法”，是指数学家把待解决或未解决的问题，通过某种转化过程，归结到一类已经能解决或者比较容易解决的问题中去，最终求获原问题之解答的一种手段和方法．匈牙利著名数学家罗兹·佩特(Rozsa Peter)在她的名著《无穷的玩艺——数学的探索和旅行》一书中曾对“化归方法”作过生动而风趣的描述：

“如上所述的推理过程，对于数学家的思维过程来说是很典型的，他们往往不对问题进行正面的攻击，而是不断地将它变形，直至把它转化为已经能够解决的问题．当然，从陈旧的实用观点来看，以下的一个比拟也许是十分可笑的，但这一比拟在数学家中却是广为流传的：

‘现有煤气灶、水龙头、水壶和火柴摆在您面前，当您要烧水时，您应当怎样去做呢？’

‘往水壶里注满水，点燃煤气，然后把水壶放在煤气灶上．’

‘您对问题的回答是正确的，现把所说的问题稍作修改，即假设水壶中已经盛满了水，而所说问题中的其他情况都不变，试问，此时您应当怎样去做？’

此时被问者一定会大声而颇有把握地回答说：‘点燃煤气，再把水壶放上去．’

他确信这样的回答是正确的．但是更完善的回答应该是这样：‘只有物理学家才会按照刚才所说的办法去做，而数学家却会回答：只需把水壶中的水倒掉，问题就化归为前面所说的问题了.’”

稍作考虑便可看出，在罗兹·佩特如上的一番议论中包含着这样一层意思，即化归方法乃是数学家所常用的一种方法，也是数学方法论中的基本方法或典型方法之一，从而是人们寻找真理、发现真理和处理问题的一种重要手段.

让我们通过以下四个简单的例子去进一步阐明化归方法的具体含义.

例 1 在设定我们已经会求矩形面积的前提下，去求解：

(1)平行四边形面积；

(2)三角形面积；

(3)多边形面积.

解 (1)由于我们已经会求矩形面积，因而我们会很自然地想到用割补法把平行四边形化为与之等积的矩形.

(2)可用拼接法，把两个三角形拼成一个平行四边形，从而把问题转化为(1)的情形.

(3)可用分割法将多边形分割成若干个三角形，这样就把问题转化为(2)的情形了.

例 1 中 3 个小题的求解过程有一个共同的特点，那就是它们都不是利用面积的最基本的概念(含单位正方形的个数)去求其面积，而都是将未解决的问题转化归结为一个已经能解决的问题，从而求获原问题之解答. 这正是化归方法的重要特色.

例 2 求证 $f(n)=n^3+6n^2+11n+12(n\in \mathbf{N})$能被 6 整除.

现把原式适当地变形：

$$\begin{aligned} f(n)&=n^3+6n^2+11n+12\\ &=(n+1)(n+2)(n+3)+6 \end{aligned}$$

上式表明，$f(n)$是三个连续自然数之积与 6 之和. 因而问题转化为往证：

①三个连续自然数之积总能被 6 整除.

如果我们对①的证明方法已经掌握，那么原问题便可由此而获证，但若我们对①的证法仍属未知，那么因为 $6=2\times 3$，而 2 与 3 又互质，因而①又可被转化为往证：

②三个连续自然数之积，既能被 2 整除，又能被 3 整除.

由于对②的处理方法为大家所熟知，因此原问题可由此而获解.

例 3　在边长为 2 的正方形内，任意放置 5 个点，求证其中必存在两个点，它们之间的距离不大于$\sqrt{2}$.

注意$\sqrt{2}$这个数值，它使我们联想到单位正方形对角线的长. 如所知，在单位正方形内，任意两点间的距离都不大于对角线的长，从而小于或等于$\sqrt{2}$. 因此原问题便转化为在所设条件下往证"至少有两个点落在同一个单位正方形之中". 如图 1 所示，我们把边长为 2 的正方形划分为四个单位正方形，那么问题便可进一步转化为"证明在四个单位正方形内任意放置 5 个点，至少有两个点在同一正方形内". 由于这个问题与大家在生活中早就体验过的下述问题完全一样，即"在四个抽屉内放五个苹果，至少有一个抽屉内要放进两个苹果". 因而原问题也就获证.

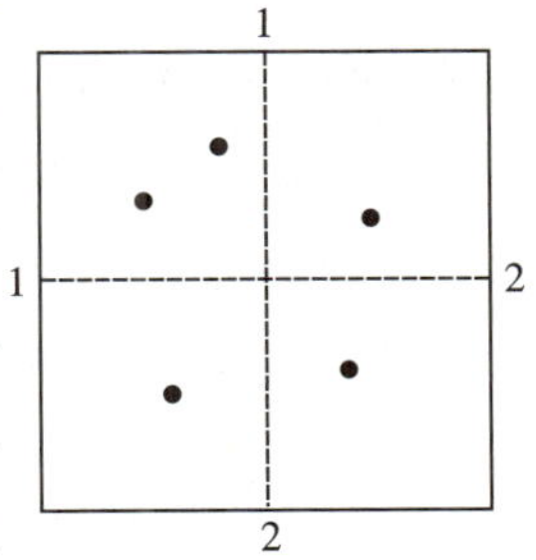

图 1

例 4　已知 A,B,C 是$\triangle ABC$ 的三内角，求 $y=\sin A\cdot\sin B\cdot\sin C$ 的最大值.

注意到函数式中的 $\sin A,\sin B,\sin C$，它容易使我们联想到正弦定理：

$$\frac{a}{\sin A}=\frac{b}{\sin B}=\frac{c}{\sin C}=2R(R\text{ 是三角形外接圆半径})$$

考虑到 y 值的大小与三角形外接圆半径的大小无关，因此不妨假定 $R=1$，于是根据正弦定理便可将原函数式变形为

$$y=\sin A\cdot\sin B\cdot\sin C=\sin A\cdot\frac{b}{2}\cdot\frac{c}{2}$$

$$=\frac{1}{2}\cdot\frac{1}{2}bc\sin A$$

其中$\frac{1}{2}bc\sin A$ 是我们所熟悉的三角形面积公式，于是原问题就转化为求单位圆内接三角形面积之最大值. 这是一个为我们所熟悉并能求解的问题，从而原问题也就由此而得解. 事实上，由于圆内接三角形中以正三角形面积最大，因而当 $A=\frac{\pi}{3}$，$b=c=\sqrt{3}$时$\frac{1}{2}bc\sin A$ 取得最大

值$\frac{3\sqrt{3}}{4}$. 故所求 y 的最大值为$\frac{3\sqrt{3}}{8}$.

以上四例之形式虽各不相同，求解或证明的具体过程也各个相异，但其思考方式却有一个共同的特点，即都是通过转化，或再转化，将待解决的问题归结为一个已经能解决的问题，或者归结为一个较易解决的问题，甚至为人们所熟知的常识问题，这种求解问题的手段与过程可见图 2. 图 2 也可视为化归方法的一般模式.

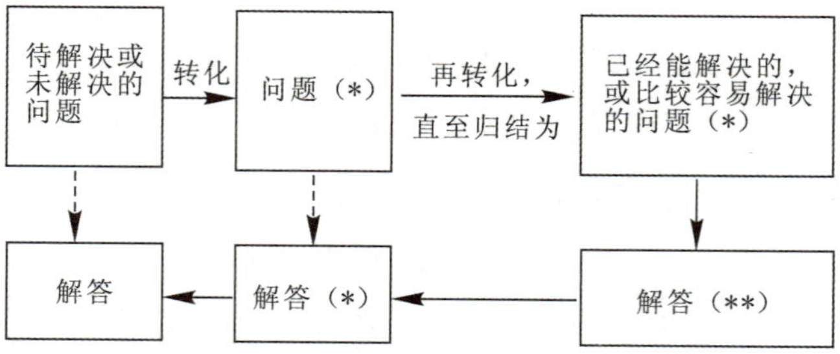

图 2

化归方法之所以成为数学方法论的基本方法之一，是有其理论上的客观背景的.

如所知，数学是一门演绎推理的学科，于是在同一个数学分支内部（或建立在同一个理论基础上的几个数学分支内部），就产生了如下的事实：任何一个正确的结论，都可按照需要与可能成为推断其他结论的依据（如例 1）. 这表明在任何一个数学系统的展开中，都有形或无形地存在着如图 3 所示的结论链：

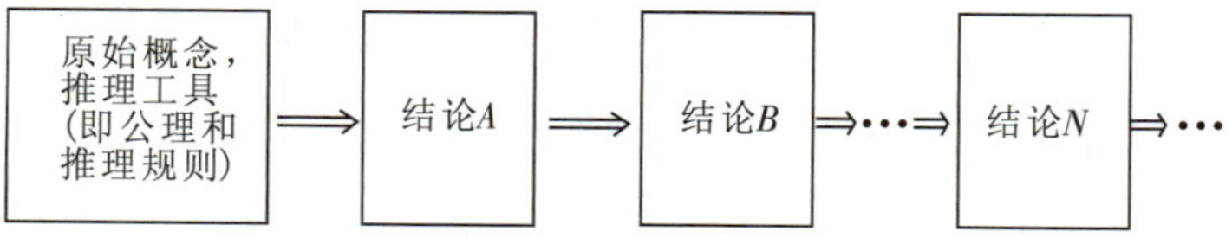

图 3

所谓有形和无形是指有许多数学分支是已经公理化或形式公理化了的，如欧几里得几何等. 但事实上，现在许多数学分支都采取素朴的陈述形式，如康托尔（Cantor）的古典集合论等. 但若对这些素朴陈述的数学理论稍作分析整理，就不难看出，仍然有它们的不定义概念和无条件承认的一些思想规则，这就是无形地存在着的相当于形式公理体系中之推理工具（公理和推理规则）或原始概念的东西. 另外还要注意两点:第一点,图 3 的表达形式是不全面的,事实上,一个数学系统的"结论集"往往是树枝形的偏序集,而并非直线型的全序集;第二点,图中之"⇒"往往还是可逆的.当然更多的情况是不可逆的.

由于结论链的存在,势必大大加快演绎推理的步伐,因为我们由此而大可不必事事都去"请示"原始概念与推理工具.只需把待解决问题转化为结论链中的某一环节就可以了.这就是化归方法在理论上的客观背景和化归方法之所以能成为数学方法论的典型方法之一的根本原因.

然而,通过以上四例,我们还可看到,所谓"通过转化的手段把待解决问题归结为已经能解决或比较容易解决的问题",只是在原则上教给我们一种解决数学问题的基本手段,至于对每一个具体问题如何去具体实现这种转化过程,以及能否依靠或单独依靠化归方法解决问题,这既要在总体上去作多方面的探索,还要加上具体实现化归过程时的种种数学技巧.譬如在例 2 中,我们是怎样想到将 $f(n)$ 化成 $(n+1)(n+2)(n+3)+6$ 的形式的?在例 3 中又是怎样想到把原正方形分割为四个单位正方形的?这些都说明,我们即使在总体上已经决策,将解决问题的方案纳入化归方法的模式,仍然面临着如何寻找正确的化归途径和怎样选择恰当的转化手段等技巧问题,而这也正是本书所要着重讨论和研究的一个问题.

我们将从特殊与一般,分解与组合,关系映射反演原则和归纳、类比、联想及其在化归中的作用等四个方面去讨论上述问题,这也是本书正文四章的具体内容.但要说明的是,首先本书所涉及的数学知识都被限制在中学数学的教学范围之内,其次,由于本书是从数学方法论的角度来研讨有关数学题材的,它既非题解,也非复习资料,因此我们的兴趣主要在于如何去探索和发现解题的方法.尽管本书中会较多地给出某些具体的解题过程,但那仍然是为了具体阐明某种处理问题的思想背景和思想方法.

一　特殊与一般

如所知,"从特殊到一般"与"由一般到特殊"乃是人类认识客观世界的一个普遍规律,而在人类探索世界奥秘的奋斗中诞生和发展起来的任何一门学科,都将受到这一规律的制约.数学当然也不例外,同样要被纳入这一规律的模式之中.因而我们首先将从认识论的角度去探索化归方法的哲理所在,以便能在更高层次上来对这一方法进行分析和总结.

我们注意到,人类认识世界的普遍规律至少在如下两个方面制约着化归方法的运用.

一方面,由于事物的特殊性中包含着普遍性,即所谓共性存在于个性之中,而相对于"一般"而言,特殊的事物往往显得简单、直观和具体,并为人们所熟知,因而当我们处理问题时,若能注意到问题的普遍性存在于特殊性之中,进而去分析考虑有没有可能把待解决的问题化归为某个特殊问题的思考方式,不仅是可行的,而且是必要的.

另一方面,由于"一般"概括了"特殊","普遍"比"特殊"更能反映事物的本质,因而当我们处理问题时,若能置待解决问题于更为普遍的情形之中,进而通过对一般情形的研究而去处理特殊情形的思考方式,同样也是可行的和必要的.

须知,上面所说的两个方面乃是同一事物之相反相成的两个方面.如从化归方法的总体角度来看,这两个方面是缺一不可的.而从各个具体问题的角度考虑,则每个方面又有其独特的作用.它们互相制约、互相补充,使我们在处理问题时既不失之偏颇,又不致无所适从.例如,当我们求解一元二次方程 $x^2+4x+3=0$ 的根时,一方面可以从研究系数特征(特殊因素)入手,用因式分解法去解这个方程,另一方面,也可把它置于更为一般的形式 $ax^2+bx+c=0$ 中去考虑,即运用求根公式求解.正由于这两个方面的相互补充,才使得求解方程的方法更为完善.

1.1　特殊与一般的关系

在本节中,我们不去全面论述特殊与一般的关系,只想略论这个关系在判断命题真假中的作用.因为命题的真假对于化归来说,乃是一个基础而又十分重要的问题.

就命题的真假而言,特殊与一般之间存在着如下的关系:

若命题 P 在一般条件下为真,则在特殊条件下 P 也真.我们把这种关系叫作关系 A.

为方便计,我们把关系 A 的逆否命题陈述如下,并称之为关系 B:

若命题 P 在特殊条件下为假,则在一般条件下 P 亦假.

关系 A 和 B,对于化归而言都有着不可低估的作用.

例如,凭借关系 B,我们就可利用“特殊”而否定“一般”,从而实现化归.

其中饶有趣味的一例便是费马素数猜想被否定一事.

费马(Fermat)是法国的一个律师,他直到年近 30 岁时才对数学发生兴趣,经常利用公务之余自学研究,并卓有成效.他发现了解析几何原理,并最早用极限思想确定曲线的位置,因而堪称微积分学的先驱者,他还与帕斯卡(Pascal)一起奠定了古典概率的基础.他对数论的发展颇有贡献.1640 年他对形如 $2^{2^n}+1$ 之数进行计算时,发现当 $n=0,1,2,3$ 时都是素数.于是他进一步验证了 $n=4$ 的情形,结果发现,$2^{2^4}+1=65\ 537$ 仍然是一个素数.因此他就大胆地猜想:所有 $F_n=2^{2^n}+1(n=0,1,2,\cdots)$都是素数.

既是“猜想”,那就存在两种可能:要么真,要么伪.对此费马自己不能作出判断,于是公之于世,希望能有人帮助他证明这个猜想.

然而,证明其真并非易事,若干年过去了,未能有人取得实质性的进展.那么能否判断其伪呢?根据关系 B,只需找出一个反例.但这也并非轻而易举的事.直到 1732 年,善于计算的欧拉(Euler)发现 $F_5=$

$2^{2^5}+1=641\times 6\ 700\ 417$. 反例找到了,从而费马猜想被否定.

应当指出,关系 B 的否定作用并不是消极的,恰恰相反,它的功能正在于去伪存真,因而是具有积极意义的.特别当一个猜想长期不能获证时,人们就会利用关系 B 去寻找反例,但若多次试图否定而否定不了时,则又会激励人们去探索新的证明途径,从而推动了数学的发展.哥德巴赫(Goldbach)猜想便是一例.我们将在后面详细介绍它的历史和现状.

关系 B 的去伪存真作用还可帮助我们在求解"选择题"时迅速地找到正确答案.

如所知,目前国内外流行的数学试题中,对于选择题有一个不成文的"规矩",即在所给几个答案中有且只有一个正确的答案,根据这个"规则",设法找出和排除所有的错误答案,乃是可行的方案之一,因为剩下的一个便是正确的了.这个方案初看似乎没有直接找出正确答案好,因为它需要把题中所给答案一一处理,然而如果考虑到特殊情况,则往往会发现较易处理的因素,这就不难理解此种方案的优越之处了.我们不妨把这种处理方法称为"排除法".

例 1.1.1 当 $x\in[-1,0]$时,下面关系式中正确的是(　　).

A. $\pi-\arccos(-x)=\arcsin\sqrt{1-x^2}$

B. $\pi-\arcsin(-x)=\arccos\sqrt{1-x^2}$

C. $\pi-\arccos x=\arcsin\sqrt{1-x^2}$

D. $\pi-\arcsin x=\arccos\sqrt{1-x^2}$

解 我们取特殊值 $x=-1$,很快发现 A、D 两个结论不正确,既然这两个结论在特殊条件下为假,那么可以肯定,在一般条件下也为假,还剩下两个结论,哪一个是正确的呢?再取其他特殊值判断,如取 $x=0$ 时我们又发现 B 中等式不成立.那么剩下的 C 就是正确的了,必须注意,我们选 C 作为正确答案并不是因为当 x 为 -1 或 0 时 C 都正确,而是利用了上面所说的"规矩",即四个答案有且只有一个正确.

关系 B 的否定作用还可在反证法中体现出来.

我们知道,用反证法证明"若 A 则 B"就是往证"既 A 且非 B"为假.具体做法是从 A 与 $\overline{B}$ 出发导出矛盾.这个矛盾常表现为某种"否定”，如矛盾于假设条件、矛盾于公理、矛盾于已证定理等，实即表现为否定假设条件、否定公理、否定已证定理等. 这些否定当然都是不能成立的，因而从反面肯定了原论题之结论.

例 1.1.2　试证明 $\sin\sqrt{x}$不是周期函数.

证明　反设 $\sin\sqrt{x}$是周期函数，则若 $f(x)=\sin\sqrt{x}$有零点(特殊值)，那么该零点必然也周期地出现. 现$f(x)=\sin\sqrt{x}$确实有零点 $x=k^2\pi^2(k\in\mathbf{Z})$，然而，它并不周期地出现，因为随着$|k|$的增大，$k^2$ 的分布越来越稀，这就导致了矛盾.

例 1.1.3　证明若 $a\leqslant b+\varepsilon$ 对于任何 $\varepsilon>0$ 恒成立，则 $a\leqslant b$.

证明　我们用反证法证明这个命题，就是证明“若 $a>b$，则存在 $\varepsilon>0$ 能使 $a>b+\varepsilon$ 成立”，显然，只需取一个特殊的 $\varepsilon>0$ 使 $a>b+\varepsilon$ 成立就可以了. 例如取 $\varepsilon=\frac{a-b}{2}>0$，就有 $b+\varepsilon=b+\frac{a-b}{2}=\frac{a+b}{2}<a$. 因而原命题得证.

例 1.1.4　证明质数的个数无限多.

今反设只有 n(有限数)个质数：

$$P_1,P_2,P_3,\cdots,P_n$$

若能在这 n 个质数之外又找出一个新的质数(寻找一个特例)，这就否定了“只有 n 个质数”的假设.

考虑数 $P=P_1\cdot P_2\cdot P_3\cdot\cdots\cdot P_n+1$.

如果 P 是质数，那么 P 显然不在 $P_1,P_2,\cdots,P_n$ 之中，因为它比其中任何一个都大，此时问题已经获证.

如果 P 是合数，那么 P 必有一个质因数，设为 r，这个 r 也一定不在 $P_1,P_2,\cdots,P_n$ 之中. 因为若设 $r=P_i(i=1,2,3,\cdots,n)$，则$\frac{P}{r}=\frac{P}{P_i}$必有余数 1，这样 r 就不是 P 的因子了.

从而不论何种情况，在所设的 $P_1,P_2,\cdots,P_n$ 之外还存在着新的质数. 所以质数有无限个.

再论关系 A 在化归方法中的作用. 这种作用可简单地概括为“确定”二字，即所谓由“一般”正确确定“特殊”正确.

任何公式、定理、法则的应用都是关系 A 的具体运用. 不过，我们

的兴趣却在关系 A 的逻辑结构的另一层意思上:即若我们确认某个命题的唯一结论在一般条件下成立,那么在特殊条件下这个结论必也成立,并且进一步得知这个特殊条件下的结论就是一般条件下的这个唯一结论.这对寻找化归途径十分有用.不过应注意“确认”和“唯一”这个前提.

例 1.1.5 证明等腰三角形底边上任意一点到两腰距离之和是一个定值.

如果我们能预先把题中所说的“定值”具体地确定下来,无疑对寻找证明的途径是有利的.那么如何确定这个“定值”呢?首先按题意,我们知道,这个定值是存在的(所谓确认),其次,所说的这个定值系指底边上任意一点到两腰距离之和.现在我们把这一点取在底边的端点(特殊情形).但这点到两腰距离之和却是一腰上的高(特殊条件下的结论),因而我们可知结论所说的定值,就是一腰上的高.以下的证明就容易了.

例 1.1.6 已知:方程

$$x^2+y^2+2(2-\cos^2\theta)x-2(1+\sin^2\theta)y-4\cos^2\theta+2\sin^2\theta+5=0$$

求证:不论 θ 取何实数值,方程的曲线总经过两定点 P_1,P_2,并求 P_1,P_2 两点的坐标.

证明 我们仿照上面的例题,给方程中的 θ 取两个特殊值:$0,\frac{\pi}{2}$,从而得到

$$\begin{cases} x^2+y^2+2x-2y+1=0 & (1) \\ x^2+y^2+4x-4y+7=0 & (2) \end{cases}$$

解得

$$\begin{cases} x=-1 \\ y=2 \end{cases} \quad \text{或} \quad \begin{cases} x=-2 \\ y=1 \end{cases}$$

把$(-1,2)$与$(-2,1)$两点的坐标代入原方程便知这两点都在曲线上,命题得证,并且确知 P_1,P_2 就是点$(-1,2)$和点$(-2,1)$.

以上两例表明关系 A 在证明曲线过定点,或求证定值一类问题中有其独特的作用.

例 1.1.7 求函数 $f(x)=|\sin x|+|\cos x|$ 的最小正周期.

如所知,若等式 $f(x+T)=f(x)$(T 是常数)对 $f(x)$ 之定义域内的一切 x 恒成立,则称 T 为 $f(x)$ 的周期.

今设 $f(x)=|\sin x|+|\cos x|$ 之周期的 T,那么对于定义域内的一切 x 而言,总有

$$|\sin(x+T)|+|\cos(x+T)|=|\sin x|+|\cos x|$$

故当 $x=0$,上式也应成立. 于是有

$$|\sin T|+|\cos T|=1$$

两边平方得:

$$\sin^2 T+\cos^2 T+2|\sin T|\cdot|\cos T|=1$$

进而得

$$|\sin 2T|=0,\quad T=\frac{1}{2}k\pi\quad (k\in\mathbf{Z})$$

所以 T 的最小正值为 $\frac{\pi}{2}$.

经检验可知 $\frac{\pi}{2}$ 确是 $f(x)$ 的最小正周期.

例 1.1.8 设 AB 为圆 C 内不是直径的定弦. 求证:所有被 AB 平分的弦的所在直线均与某一确定的抛物线相切.

为了使问题变得简单一点,我们以 AB 所在直线为 x 轴,以 AB 之中点为原点建立直角坐标系. 不失普遍性,假设点 A,B 和圆心 C 的坐标依次为 $(-1,0)$,$(1,0)$ 和 $(0,a)$ $(a\neq 0)$. 如图 1-1 所示.

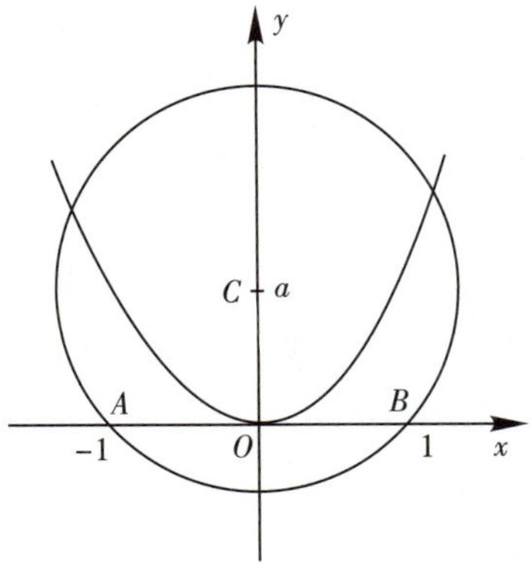

图 1-1

则圆方程为

$$x^2+y^2-2ay-1=0$$

按题意知，必存在一条确定的抛物线能与被 AB 所平分的动弦相切，因此一个理想的解决方案，就是先找到这条抛物线. 为此我们先考虑一条特殊状态下的被 AB 平分的弦.

所谓弦被 AB 平分，就是该弦的中点在 AB 上，根据这样的理解，由于 AB 的中点 O 也在 AB 上，所以 AB 也是一条符合条件的弦，也应与抛物线相切. 又根据圆的对称性可知弦 AB 与抛物线的切点必为 AB 中点 O，而且该切点也必为抛物线的顶点. 因此我们可以假设抛物线方程为

$$x^2=2py\text{（其中 } p \text{ 为待定系数）}$$

怎样确定 p 呢？再取一条特殊状态下的弦，即过 OB 中点 $\left(\frac{1}{2},0\right)$ 且被 AB 平分的弦. 这条弦的方程甚易求得如下：

$$y=\frac{1}{2a}\left(x-\frac{1}{2}\right)$$

该弦也必与抛物线相切，于是由方程组

$$\begin{cases} x^2=2py \\ y=\frac{1}{2a}\left(x-\frac{1}{2}\right) \end{cases}$$

可得

$$x^2-\frac{p}{a}x+\frac{p}{2a}=0$$

令该方程的判别式

$$\Delta=\frac{p^2}{a^2}-\frac{4p}{2a}=0$$

解得

$$p=2a$$

可知题中所说“某一确定的抛物线”的方程为

$$x^2=4ay$$

至此，我们仅做了猜测与试探的工作，还没有证明. 不过有了抛物线方程，证明就变得简单了.

关系 A 在待定系数法中也有着广泛的应用.

我们知道，待定系数法的依据是多项式恒等定理. 可简述为：两多项式恒等的充要条件是它们的系数对应相等.

既然我们"确认"了两个多项式恒等，那么在多项式中的变数取特殊值时，这两个多项式也必是相等的. 这样待定的系数也就可以确定了.

例 1.1.9 把$\frac{6x^2+22x+18}{(x+1)(x+2)(x+3)}$化为部分分式.

我们试用待定系数法，设

$$\frac{6x^2+22x+18}{(x+1)(x+2)(x+3)}=\frac{A}{x+1}+\frac{B}{x+2}+\frac{C}{x+3} \tag{1}$$

现去分母并整理得

$$\begin{aligned}&6x^2+22x+18\\=&A(x+2)(x+3)+B(x+1)(x+3)+\\&C(x+1)(x+2)\end{aligned} \tag{2}$$

通常的做法是比较(2)两边对应项的系数，再由三元方程组求得 A,B,C. 但这样做，无论是整理(2)右边，还是解方程组，都比较烦琐.

现在我们利用关系 A 处理(2).

取特殊值 $x=-1$，则(2)变为 $6-22+18=2A$，得 $A=1$；$x=-2$，则(2)变为 $24-44+18=-B$，得 $B=2$； $x=-3$，同样可得 $C=3$. 因而

$$\frac{6x^2+22x+18}{(x+1)(x+2)(x+3)}=\frac{1}{x+1}+\frac{2}{x+2}+\frac{3}{x+3}$$

经检验，上式确实成立.

1.2 特殊化与简单化

一个使用最普遍而又较为简单易行的化归途径，乃是把所给问题的形式向特殊的或简单的形式转化. 因为特殊的事物常常比较简单，而简单的事物又往往比较容易解决.

特殊形式的意思很容易理解. 那么怎样的形式算是简单的形式呢?

这里所指的简单与复杂，是按概念发展的阶段来区分的，而且是相对而言的. 概念发展的低级阶段的形式与高级阶段的形式相比较，我们把前者称为简单形式，后者称为复杂形式. 譬如，相对于一次方程来说，二次方程是复杂形式，一次方程是简单形式，而相对于高次方程来说，二次方程又是简单形式了. 又如我们把平面图形称作是空间图形的简单形式，因为从概念发展阶段来说，前者是低级的，后者是高级

的.基于同样的理由,我们把标准状态下的二次曲线称为非标准状态下的二次曲线的简单形式(同时,前者又是后者的特殊形式).

由于简单形式中常包含着特殊形式,而特殊形式往往比较简单,所以我们把“特殊化”与“简单化”合并在一起讨论.

在代数系统里,如一元二次方程的求根公式就是顺着特殊化的途径推导出来的:特殊形式的一元二次方程 $x^2=m(m\geqslant 0)$ 会解了,那么一般形式的一元二次方程 $ax^2+bx+c=0(a\neq 0,b^2-4ac\geqslant 0)$ 怎样解呢?一个顺当的途径就是把它化为特殊形式 $\left(x+\dfrac{b}{2a}\right)^2=\dfrac{b^2-4ac}{4a^2}$ 之后再求解.而各种一元代数方程的解法,则是顺着逐步简单化的途径进行的,也就是

根式方程 ⟶ 有理方程 { 整式方程; 分式方程 }

↓

整式方程 { 低次方程; 高次方程 ⟶ 低次方程 }

例 1.2.1 解方程:$x^4+x^3+x^2+x+1=0$.

我们早已会解一元二次方程,因此解这个四次方程的一条可行的途径,就是设法将它化为二次方程(简单形式).

把方程两边除以 $x^2\neq 0$,得

$$x^2+x+1+\frac{1}{x}+\frac{1}{x^2}=0$$

配方得

$$\left(x+\frac{1}{x}\right)^2+\left(x+\frac{1}{x}\right)-1=0$$

令 $y=x+\dfrac{1}{x}$,这样原方程就被转化为二次方程

$$y^2+y-1=0$$

这个求解方案的思路是从方程的次数上去实现简单化,即把四次转化为二次.另一方面,由于二次方程的解法也是我们所熟悉的,因此我们还可着眼于方程的项数而予以简单化,即设法使之转化为二次方程.

两边乘以 $x-1\neq0$，得 $x^5-1=0$. 解这个二次方程可以得五个根，从中去掉 $x=1$，剩下的四个值便是原方程的根.

由于平面图形是空间图形的简单形式，因此在实现立体几何问题的化归过程时往往把立体问题化为平面问题去解决.

例 1.2.2 如图 1-2 所示，已知长方体的长、宽、高依次为 a,b,c，求该长方体的对角线长.

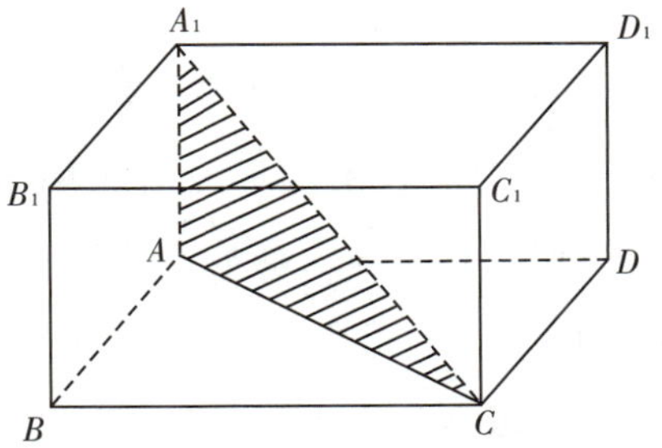

图 1-2

我们先在平面 ABC 中用勾股定理求得

$$AC^2=AB^2+BC^2=a^2+b^2$$

再在平面 A_1AC 中用勾股定理求得

$$A_1C^2=A_1A^2+AC^2=c^2+a^2+b^2$$

于是知长方体的对角线长为 $\sqrt{a^2+b^2+c^2}$.

这里两次使用勾股定理，就是把空间问题转化为平面问题思考的结果，这种转化过程的特点是充分利用空间图形中原有的平面，而并未改变这些平面的位置. 但在下述几例中，我们将会看到，解决立体几何问题有时还需要切实地做一些“展平”工作.

例 1.2.3 求圆锥的侧面积.

我们可以设想把圆锥表面沿某一母线剪开，并把它展平，使之得到一个扇形（平面图形），从而通过求扇形面积而获得圆锥的侧面积.

用这种“展平”方法去实现立体几何问题简单化的手段应用甚广，再看两例.

例 1.2.4 如图 1-3 所示，长方体 $ABCD\text{-}A_1B_1C_1D_1$ 的三条棱之长分别为 a,b,c 且 $a>b>c$. 现有一个小虫从 A 点出发沿长方体的表面爬行到 C_1 点. 问小虫爬行的最短路程是多少？

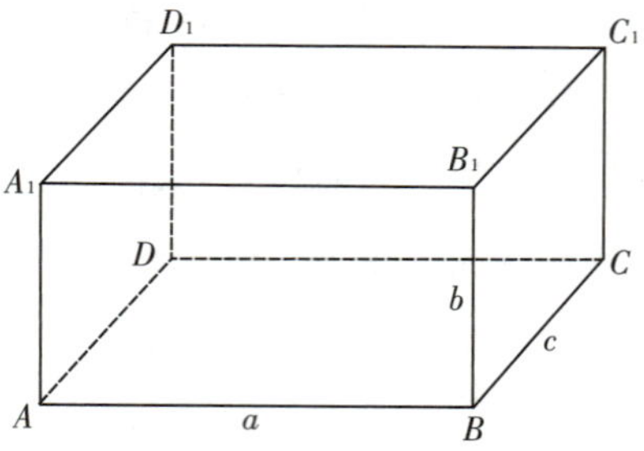

图 1-3

这是一个求最小值的问题，在平面中我们有许多求最小值的方法，但在空间，却很困难. 于是设法把它化为平面问题去解决. 仿照圆锥侧面展开的方法，我们把长方体表面展平为图 1-4(a)或图 1-4(b)的样子.(图中只画了长方体中三个面的展开情况，其中 C_1'，C_1'' 是长方体上点 C_1 的对应点). 根据平面几何定理："两点间的所有连线中以直线段为最短"，可知小虫爬行的最短路程必在 $|AC_1|$，$|AC_1'|$，$|AC_1''|$ 之中. 如此，只要比较这三条线段的长度就可确定最小值. 由于

$$|AC_1|=\sqrt{a^2+(b+c)^2}=\sqrt{a^2+b^2+c^2+2bc}$$

$$|AC_1'|=\sqrt{(a+c)^2+b^2}=\sqrt{a^2+b^2+c^2+2ac}$$

$$|AC_1''|=\sqrt{(a+b)^2+c^2}=\sqrt{a^2+b^2+c^2+2ab}$$

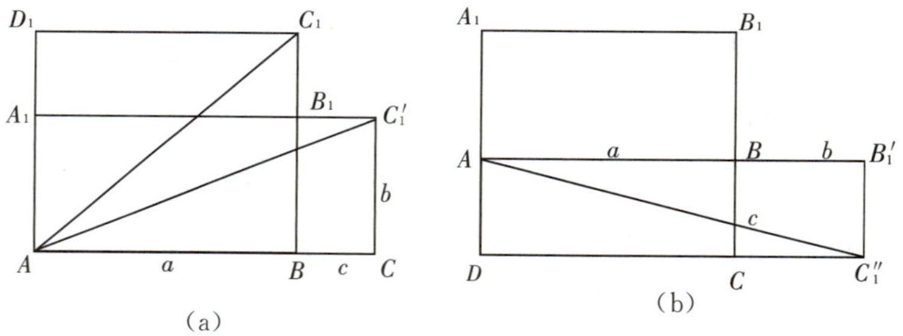

图 1-4

又由题设知 $a>b>c$，于是 $ab>ac>bc$，可见 $|AC_1|$ 为最短，其长度即小虫爬行的最短路程.

分析一下本例中把立体图形转化为平面图形的过程，便可发现，每一个面的展开都是旋转的结果：如图 1-4(a)就是令面 ABB_1A_1 保持不变，而把面 $A_1B_1C_1D_1$ 与面 B_1BCC_1 分别以 A_1B_1 与 B_1B 为轴旋转，直至这两个矩形的所在平面与矩形 ABB_1A_1 的所在平面重合. 应注意旋转中有哪些量发生了变化，哪些量没有发生变化，如本例中被旋转的各矩形的边长就没有发生变化，也正是这一点，才使得平面图形中所求得的线段 AC_1 之长，就是原问题中欲求之最短距离.

例 1.2.5 如图 1-5 所示，已知：三棱锥 $S\text{-}ABC$ 中从 S 出发的三条棱两两垂直. 求证：$\triangle ABC$ 是锐角三角形.

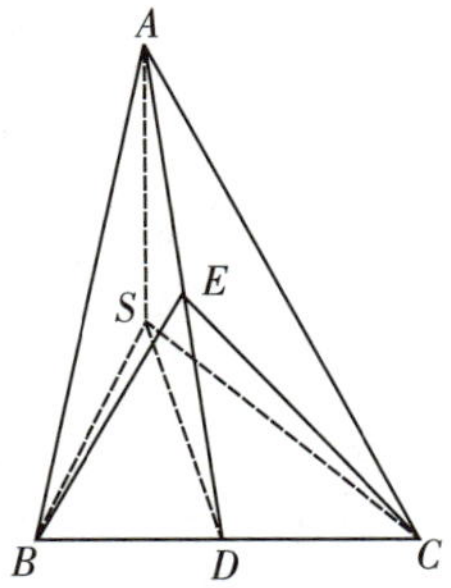

图 1-5

通常的证法是设定 SA，SB，SC 的长，运用勾股定理求得 AB，AC，BC 的长，再运用余弦定理判断.

另一种证法是用旋转的方法，把空间问题转化为平面问题而求解之.

考虑到命题的结论"$\triangle ABC$ 是锐角三角形"之所以成立，乃是建立在三条侧棱两两垂直的基础上的，因而底面$\triangle ABC$ 是否为锐角三角形，必与侧面的三个直角三角形有密切关系. 然而，由于底面与侧面不在同一平面内很难发现它们之间的具体关系，因而我们先使用旋转的方法，把其中的一个侧面与底面置于同一个平面内，然后再进行比较：

以 EC 为轴，把平面 SBC 旋转，使之与平面 ABC 重合(注意，旋转过程中$\triangle SBC$ 的边长与内角均未发生变化). 并且如图 1-5 所示，我们使 $\mathrm{Rt}\triangle BSC$ 到达$\mathrm{Rt}\triangle BEC$的位置，显然，$\mathrm{Rt}\triangle BSC \cong \mathrm{Rt}\triangle BEC$.

现在来比较$\triangle ABC$ 与 $\mathrm{Rt}\triangle BEC$ 的位置关系.

在平面 SBC 内作 $SD \perp BC$，联结 AD，根据三垂线定理知 $AD \perp BC$(因为 $SA \perp$ 平面 SBC)，所以 E 点必落在直线 AD 上，又因为 $AD > SD$，所以又知 E 点在线段 AD 的内部，这样 $\mathrm{Rt}\triangle BEC$ 必被$\triangle ABC$ 所包围，所以$\triangle ABC$ 是锐角三角形.

如前所说，在平面解析几何中，标准状态下的圆锥曲线是非标准状态下的圆锥曲线的特殊形式(当然，也是一种简单形式)，我们又知道，圆可认为是椭圆的特殊形式，等轴双曲线是非等轴双曲线的特殊形式，退缩圆锥曲线可以看作圆锥曲线的特殊形式，曲线系中的某一具体的曲线是该曲线系的特殊形式，等等．所有这些，都为我们提供了实现解析几何问题的具体的化归途径．

例 1.2.6 讨论抛物线 $ax^2+bx-y+c=0(a\neq 0)$ 的性质．

由于我们对标准状态下的抛物线 $y^2=2px$ 或 $x^2=2py$ 的性质是熟悉的，因而讨论非标准状态下的抛物线的性质的主要方法就是使之特殊化，即将原方程转化为标准形式．

通过配方，使原方程变为

$$\left(x+\frac{b}{2a}\right)^2=\frac{1}{a}\left(y-\frac{4ac-b^2}{4a}\right)$$

令

$$X=x+\frac{b}{2a},Y=y-\frac{4ac-b^2}{4a}$$

于是原方程又进一步转化为

$$X^2=\frac{1}{a}Y \tag{1}$$

我们通过(1)的性质，就可了解原抛物线的性质．

既然圆是椭圆的特殊形式，那么我们是否能把椭圆的问题转化为圆的问题去解决呢？假如能行，这显然是一个理想的化归途径．因为我们对圆的性质毕竟比对椭圆的性质要熟悉得多．

如此，便产生了一种称为“伸缩变换”的办法．

所谓伸缩变换，简单地说就是把曲线上的点的横坐标或纵坐标，适当地放大或缩小，使曲线按照我们的需要改变形状．当然，其方程也应作相应的变化．这种变换方法首先出现在中学数学的三角课本中．例中，把正弦曲线 $y=\sin x$ 上各点的纵坐标放大为原来的两倍，就得到 $y=2\sin x$ 的图像，而把各点的横坐标缩小为原来的$\frac{1}{2}$，则得到 $y=\sin 2x$ 的图像．

现在，我们来研究如何运用“伸缩变换”把椭圆转化为圆．

如图 1-6 所示，比较椭圆和圆：

同时，比较它们的方程：

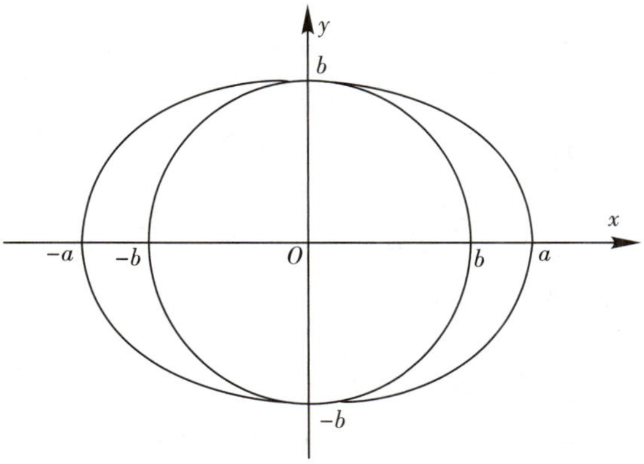

图 1-6

$$\frac{x^2}{a^2}+\frac{y^2}{b^2}=1 \text{ 与 } \frac{x^2}{b^2}+\frac{y^2}{b^2}=1$$

可以看到,假如我们希望把椭圆压缩为以它的短轴为直径的圆,只需将其各点横坐标压缩,而纵坐标保持不变. 那么横坐标应压缩为原来的几分之几呢? 试比较它们的方程,为了使椭圆方程中的 a^2 变为 b^2,只需令

$$\begin{cases} x=\frac{a}{b}x' \\ y=y' \end{cases}$$

代入椭圆方程得

$$\frac{\left(\frac{a}{b}x'\right)^2}{a^2}+\frac{y'^2}{b^2}=1,\text{即}\frac{x'^2}{b^2}+\frac{y'^2}{b^2}=1$$

压缩过程至此完成. 上述过程表明椭圆各点的横坐标均被压缩为原来各点横坐标的 $\frac{b}{a}$. 用同样的方法,我们若把椭圆各点的纵坐标扩大 $\frac{a}{b}$,横坐标不变,即令 $\begin{cases} x=x' \\ y=\frac{b}{a}y' \end{cases}$ 就可得圆 $x'^2+y'^2=a^2$.

例 1.2.7　求内接于椭圆 $\frac{x^2}{a^2}+\frac{y^2}{b^2}=1$ 的三角形面积的最大值.

如所知,求圆内接三角形面积之最大值是很容易解决的. 对于本例而言,我们就可运用压缩变换的方法把椭圆转化为圆. 通过圆内接三角形面积的最大值去研究椭圆内接三角形面积的最大值. 令

$$\begin{cases} x=\dfrac{a}{b}x' \\ y=y' \end{cases}$$

代入椭圆方程可得

$$x'^2+y'^2=b^2$$

我们知道，内接于圆 $x'^2+y'^2=b^2$ 的三角形面积的最大值为$\frac{3\sqrt{3}}{4}b^2$（正三角形）. 由于在压缩过程中椭圆各点的纵坐标没有变化，因而其内接三角形之高不会变动，只是三角形之底边长变短了. 如此，当我们回过头去求椭圆内接三角形面积之最大值时，应将$\frac{3\sqrt{3}}{4}b^2$ 乘以$\frac{a}{b}$. 故椭圆内接三角形面积的最大值是$\frac{3\sqrt{3}}{4}ab$.

任何一种数学方法都不是万能的."伸缩变换"也不例外. 它仅仅能解决点的坐标纵向或横向变化，或者沿某定角作斜向变化的一类问题，而对于点沿某曲线转动一类问题，它就无能为力了.

在平面几何中，实现化归的途径，一般是用添加辅助线的办法，把复杂情形转化为特殊情形或简单情形.

例 1.2.8 如图 1-7 所示，在直线上有四个点，依次记为 A,B,C,D. 试证对任何不在该直线上的点 P 而言，不等式

$$|PA|+|PD|+||AB|-|CD||>|PB|+|PC|$$

总成立.

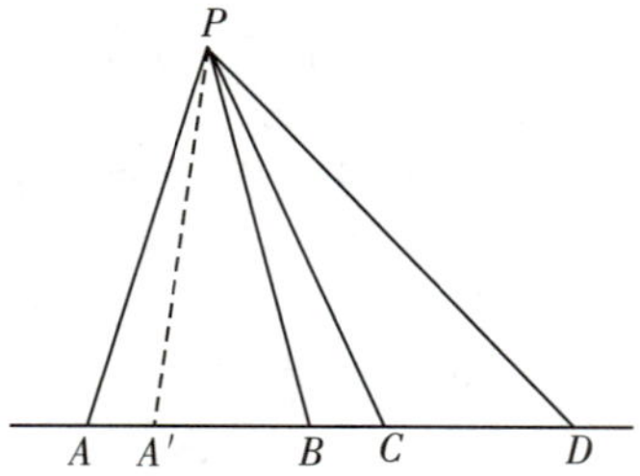

图 1-7

我们发现不等式中$||AB|-|CD||$的地位较为特殊，也较难处理，因此我们首先用特殊化的方法处理这个绝对值. 考虑到四个点的位置的任意性以及它们在命题中的对称地位，不失普遍性地设$|AB|\geqslant|CD|$. 这样原不等式便转化为

$$|PA|+|PD|+|AB|-|CD|>|PB|+|PC|$$

这是第一次特殊化.该不等式可进一步转化为

$$|PA|+|PD|+|AB|>|PB|+|PC|+|CD| \tag{1}$$

注意研究图 1-7,它使我们回忆起一个与之类似的简单问题,即如图 1-8 所示,已知 $MN=GH$,求证:

$$|QM|+|QH|>|QN|+|QG|$$

两例相比较,显然后者是前者的特殊情形,而后者的证明方法却是我们所熟知的,因而值得一试的方案便是把图 1-7 向图 1-8 这个特殊情形转化.

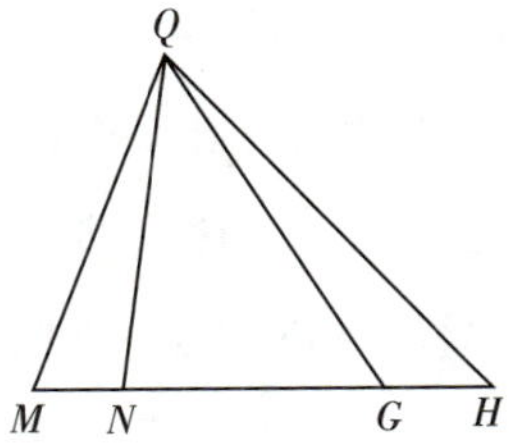

图 1-8

为此我们再次使用特殊化手段,在图 1-7 的线段 AB 上取一点 A' 使

$$|A'B|=|CD| \tag{2}$$

(注意 $|AB|\geqslant|CD|$ 这一假设.)这样 P,A',B,C,D 五个点的位置关系就与图 1-8 中 Q,M,N,G,H 五个点的位置关系完全相同.根据特殊情形(图 1-8)的结论知必有

$$|PA'|+|PD|>|PB|+|PC| \tag{3}$$

剩下的问题便是往证

$$|PA|+|AA'|>|PA'| \tag{4}$$

但这是显然的.再把(2)(3)(4)三式相加便可得(1),从而证明了本例之结论.

1.3 命题中之特殊因素的挖掘

上面一节基于特殊事物通常较为简单而易于掌握的道理,分析讨论了处理问题中使之特殊化的化归途径.在本节中,则将基于普遍性即存在于特殊性之中的理由,去寻找另一条化归途径,即在挖掘待处理问题中之“特殊因素”的基础上，进一步探索普遍命题的内在结构规律. 所谓“特殊因素”，乃指命题结构中的那些特殊的图形、数量和关系结构等.

如所知，任何数学命题的结构总可以从如下两个方面加以考察，其一是量性对象，即如集合之元素及其个数(或基数)，方程的系数和次数，变元的取值范围，平面或空间的几何元素，点、线、面等；其二是关系结构，即如集合的性质，图形的位置关系，符号的联结方式，条件与结论的关系，等等. 我们不妨把数学命题结构中的那些量性对象和关系结构统称为命题结构中的因素.

显然，一个数学命题结构中的因素往往不止一个，但在显示命题的特殊性时，它们并不一律平等，其中有些处于从属而次要的地位，有些则处于主导地位. 处于主导地位的因素通常要比其他因素更接近问题的本质，而且是促进化归进程的关键. 我们把这种因素称为特殊因素. 例如，$x^2=1$ 与方程 $y^2=-1$，就其结构形式而言，都包含着上述之多种“因素”，但从本质上区分这两个方程时，其决定因素却不是它们的次数、字母或常数的绝对值等，而是置于常数之前的符号“+”和“−”，这就是特殊因素.

日常生活中有这样的经验，当我们辨认某个人的时候，脸的因素是首要的，它比手、脚等其他因素处于更重要的地位，但也确有两个人的脸十分相像的情况，例如孪生姐妹或孪生兄弟等，此时我们就要仔细观察方能辨认了. 数学命题也是如此，它们的特殊因素并不全都像上面所举的两个方程那样明显，同样需要仔细观察和认真分析之后才能发现. 也就是说要通过“挖掘”才能辨认处理.

首先，在同一命题中，必须是那些能对其他因素起影响作用的因素，才可当作特殊因素处理.

例 1.3.1 已知抛物线 $y^2=4(x-1)$，试在这个抛物线上找一点 P，使 P 点到焦点与到点$(4,1)$的距离之和为最小.

在本例中，构成命题结构的因素很多，如“$y^2=4(x-1)$”“P 点在抛物线上”“P 点到焦点的距离”“距离之和最小”等. 通常认为“距离之和最小”是特殊因素，并据此确认这是一个求最小值的问题，于是设法通过写出解析式的途径去求这个最小值.

但是，若细心“挖掘”，我们会发现“P 点到焦点的距离”比“距离之和最小”更接近本质. 因为焦点是抛物线中的一个非常特殊的点，它既与抛物线的定义有密切的关系，其坐标中又含有抛物线方程的主要参数 p，因而它直接影响着抛物线的张开程度，间接影响着 P 点在坐标平面上的位置，进而影响着“距离之和”的大小. 所以我们应抓住“P 点到焦点的距离”去探索解决问题的途径.

事实上，我们很容易根据抛物线的定义而将“P 点到焦点的距离”转化为“P 点到准线的距离”，因而待处理的问题即变换为“在抛物线上求一点，使之到点(4,1)与准线 $x=0$ 的距离之和为最小”，如图 1-9 所示，只需过点(4,1)作准线 $x=0$ 的垂线，该垂线交抛物线于一点. 据平面几何中的有关定理，该交点即我们所求之点 P，其坐标为$\left(\frac{5}{4},1\right)$.

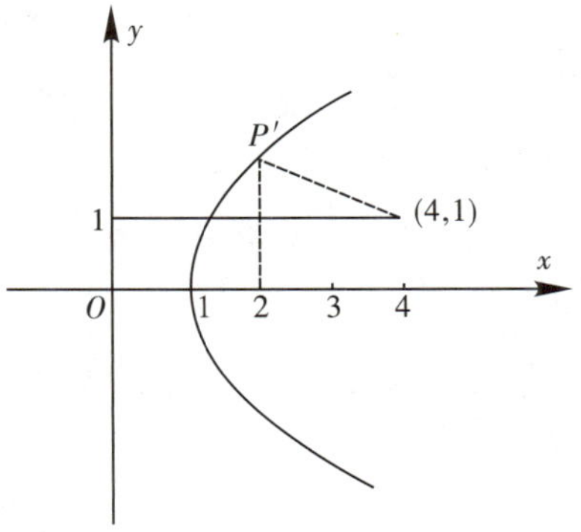

图 1-9

这种解法直截了当，几乎不用动笔就能得到结论. 而这正是挖掘特殊因素带来的效果. 同时也说明，特殊因素的挖掘还能导致特殊的解法.

例 1.3.2 已知：$f(x)=\dfrac{x}{x-2}$且 $g[f(x)]=x(x\in \mathbf{R})$，试求函数 $g(x)$的值域.

因为问题所求为 $g(x)$的值域，所以很可能把求出 $g(x)$的表达式作为待处理问题的关键所在. 其实，这恰恰没有抓住问题的本质.

试注意条件“$g[f(x)]=x$”中之“$=$”号右边的 x，它在题目中的地位甚为重要，因为正是这个 x 把 $f(x)$与 $g(x)$的关系具体化了. 所以我们应该抓住这个 x，把问题展开.

事实上，根据 $f(x)$与其反函数 $f^{-1}(x)$之间的关系：$f^{-1}[f(x)]=$

x[显然 $f(x)=\dfrac{x}{x-2}$是存在反函数的],很容易使我们去作这样的猜想:是否有 $g(x)=f^{-1}(x)$呢?

这个猜想可被证实如下:

由于 $g[f(x)]=x$,于是有 $f(x)=g^{-1}(x)$[$g(x)$存在反函数也是显然的].这说明 $f(x)$与 $g(x)$互为反函数.当然有 $g(x)=f^{-1}(x)$.

这样,利用 $g(x)$的值域就是 $f(x)$的定义域这一事实,即可使问题获解,即 $g(x)\in(-\infty,2)\cup(2,+\infty)$.

例 1.3.3 已知方程 $f(x)=0$ 有四个实数根,且对一切 $x\in\mathbf{R}$ 恒有 $f(x)=f(2-x)$.试求该方程的四个根之和.

显然,关系 $f(x)=f(2-x)$是影响着方程之根的特殊因素,因此我们应该从研究这个关系的具体含义入手,去探索解决问题的途径.

既然关系 $f(x)=f(2-x)$对一切实数恒成立,那么若有一个 x_1 能使 $f(x_1)=0$,则根据这个关系便必有 $f(2-x_1)=f(x_1)=0$,即若 x_1 是方程 $f(x)=0$ 的根,那么 $2-x_1$ 也必是该方程的根,同理若 x_2 是这方程的第 3 个根,那么 $2-x_2$ 就必是这方程的第 4 个根.如此,四根之和便是 $x_1+(2-x_1)+x_2+(2-x_2)=4$.

其次,命题中与公式或基本概念有关的常数往往也是一种特殊因素.

如命题"若 $a^2+b^2=1$,$x^2+y^2=1$,则 $-1\leqslant ax+by\leqslant 1$"中的"1"就是一个特殊因素,因为它与三角公式 $\sin^2x+\cos^2x=1$ 有关.我们也就由此而知可用三角换元法往证这一命题.又如引言例 3 中的$\sqrt{2}$也是一个特殊因素,因为它是单位正方形对角线之长.

在实现化归时,这些常数有可能成为突破口,然而是否真正能起到突破作用,还涉及多方面的因素,一方面决定于该常数是否涉及问题的本质,另一方面还决定于我们是否善于把该常数与其他知识横向联系,或者是否善于把有关公式逆向运用.

例 1.3.4 已知:z 是复数,$|z|=1$.求证:

$$\left|\frac{z-z_0}{1-\bar{z}\cdot z_0}\right|=1$$

因为结论之成立是建立在$|z|=1$ 的基础上的,所以这个"1"是一个特殊因素.我们抓住"1"而把条件逆向运用,即把 $1=|z|=|z|^2=$

$z \cdot \bar{z}$运用到待证等式中，由此而得

$$\left|\frac{z-z_0}{1-\bar{z}\cdot z_0}\right|=\left|\frac{z-z_0}{z\cdot\bar{z}-\bar{z}\cdot z_0}\right|=\left|\frac{z-z_0}{\bar{z}(z-z_0)}\right|=\left|\frac{1}{\bar{z}}\right|=1$$

例 1.3.5 数列$\{x_n\}$中 $x_{n+1}+\frac{1}{2}\cos x_n-\frac{\pi}{2}=0$，求证：

$$\lim_{n\to\infty}x_n=\frac{\pi}{2}$$

我们的目标是任给 $\varepsilon>0$，找到相应的 N，使 $n>N$ 时不等式 $\left|x_n-\frac{\pi}{2}\right|<\varepsilon$ 成立.

对于不等式左边的绝对值，容易利用条件代换，而有

$$\left|x_n-\frac{\pi}{2}\right|=\left|-\frac{1}{2}\cos x_{n-1}\right|$$

但至此就难以向前推进了.

试注意$\frac{\pi}{2}$这个常数，我们发现它既在条件中制约着 x_{n+1} 与 x_n 的关系，又是所要证明的极限值，故在待处理问题中的地位非同一般. 因而我们就抓住$\frac{\pi}{2}$，并从研究$\frac{\pi}{2}$与 $\cos x_{n-1}$ 的关系出发，去研究$\frac{\pi}{2}$与 x_{n-1}之间的关系，希望由此而找到解决问题的正确途径.

$\frac{\pi}{2}$与 $\cos x_{n-1}$ 有些什么关系呢？一个容易回忆起来的关系是 $\cos x_{n-1}=\sin\left(\frac{\pi}{2}-x_{n-1}\right)$. 该关系对我们所要解决的问题是否有用，目前尚不得而知，但我们可据此而去进一步探索

$$\left|-\frac{1}{2}\cos x_{n-1}\right|=\left|-\frac{1}{2}\sin\left(\frac{\pi}{2}-x_{n-1}\right)\right|$$
$$=\frac{1}{2}\left|\sin\left(x_{n-1}-\frac{\pi}{2}\right)\right|\leqslant\frac{1}{2}\left|x_{n-1}-\frac{\pi}{2}\right|$$

这样就得到了一个理想的递推关系：

$$\left|x_n-\frac{\pi}{2}\right|\leqslant\frac{1}{2}\left|x_{n-1}-\frac{\pi}{2}\right|$$

问题变得明朗了，接着我们重复运用这个递推关系，便得到

$$\left|x_n-\frac{\pi}{2}\right|\leqslant\frac{1}{2^{n-2}}\left|x_2-\frac{\pi}{2}\right|$$
$$=\frac{1}{2^{n-2}}\left|-\frac{1}{2}\cos x_1\right|=\frac{1}{2^{n-1}}|\cos x_1|\leqslant\frac{1}{2^{n-1}}$$

以下再用数列极限的“ε-N”定义往证待解决的问题就容易了.

再则,命题中特殊的关系结构也是一种特殊因素.

例 1.3.6 试证 $\sqrt[3]{20+14\sqrt{2}}+\sqrt[3]{20-14\sqrt{2}}=4$.

由于共轭根式的和与积都是有理式,这给运算带来莫大的方便,所以我们常把命题结构中的共轭根式当作特殊因素考虑.

本例中之 $20+14\sqrt{2}$ 与 $20-14\sqrt{2}$ 是共轭根式,我们设法运用它们的和与积来减少计算量.令

$$y=\sqrt[3]{20+14\sqrt{2}}+\sqrt[3]{20-14\sqrt{2}}$$

利用公式 $(a+b)^3=a^3+b^3+3ab(a+b)$ 将上式两边立方而得

$$y^3=(20+14\sqrt{2})+(20-14\sqrt{2})+$$
$$3\sqrt[3]{20+14\sqrt{2}}\cdot\sqrt[3]{20-14\sqrt{2}}\cdot y$$

整理得

$$(y-4)(y^2+4y+10)=0 \qquad (1)$$

因为 $y\in\mathbf{R}$,所以 $y^2+4y+10>0$.所以由(1)只能得到 $y=4$,即 $\sqrt[3]{20+14\sqrt{2}}+\sqrt[3]{20-14\sqrt{2}}=4$.

例 1.3.7 解方程组

$$\begin{cases}x+ay+a^2z=a^3\\x+by+b^2z=b^3\\x+cy+c^2z=c^3\end{cases}$$

(x,y,z 是未知数,且 a,b,c 互不相等).

我们发现方程组中三个方程的不同之处仅在于 a,b,c 三个字母的交替出现,而其余的字母及关系结构却是完全相同的.这种特殊的关系结构使我们联想到 a,b,c 可以认为是下面关于 t 的一元三次方程(x,y,z 作系数)

$$x+ty+t^2z=t^3,\text{即 } t^3-zt^2-yt-x=0$$

的三个根.那么根据韦达定理便知

$$\begin{cases}a+b+c=z\\ab+bc+ca=-y\\abc=x\end{cases}$$

故原方程的解是

$$\begin{cases}x=abc\\y=-(ab+bc+ca)\\z=a+b+c\end{cases}$$

须知命题中的对称关系结构也是一种特殊的关系结构，处理对称关系的一个十分有趣的方法是“公平”地对待相互对称的部分.

例 1.3.8　设 a,b,c 为三角形的三边.求证：

$$a^2(b+c-a)+b^2(c+a-b)+c^2(a+b-c)\leqslant 3abc$$

由于任取 a,b,c 的一个全排列来代替待证式中的 a,b,c，该不等式都不变，所以这是一个轮换对称式，并且是全对称的.因此不失普遍性，假设 $a\geqslant b\geqslant c$（注意，只有在全对称的情形下才能这样假设，也就是说我们是在完全“公平”地对待 a,b,c 的情况下这样假设的）.

现将 $3abc$ 移到左边，并“公平”地分配给每一项.这样待证式的形式便改变为

$$[a^2(b+c-a)-abc]+[b^2(c+a-b)-abc]+$$
$$[c^2(a+b-c)-abc]\leqslant 0 \qquad (1)$$

我们先拿出上式左边任意一项进行变换

$$a^2(b+c-a)-abc=a(a-b)(c-a)$$

根据对称性，其余两项可仿照上述变换结果而轮换写出

$$b^2(c+a-b)-abc=b(b-c)(a-b)$$
$$c^2(a+b-c)-abc=c(c-a)(b-c)$$

因此(1)不等号左边即

$$\begin{aligned}&f(a,b,c)\\&=a(a-b)(c-a)+b(b-c)(a-b)+c(c-a)(b-c)\\&=-(a-b)^2(a+b-c)+c(c-a)(b-c)\end{aligned}$$

因为 $-(a-b)^2(a+b-c)\leqslant 0$，又 $c(c-a)(b-c)\leqslant 0$（注意 $a\geqslant b\geqslant c$ 的假设），所以有 $f(a,b,c)\leqslant 0$.原不等式得证.

另外，对称关系的“公平”处理原则，还能给我们提供一个合情猜测的手段.

例如，已知：$x>0,y>0,x+y=1$.试问 x 和 y 分别为何值时 $x\cdot y$ 之值最大？显然 $x\cdot y$ 的最大值不会在 $x=0,y=1$ 或者 $x=1,y=0$ 处取得，因为这样就显得“不公平”了.那么怎样才算“公平”呢？只有

当 $x=\frac{1}{2}$ 且 $y=\frac{1}{2}$ 时才"公平".于是我们就合乎情理地猜测原问题的结论是 $x=y=\frac{1}{2}$ 时 $x\cdot y$ 取得最大值.

当然,上述猜测并不能代替证明,因而结论成立与否尚需补行证明手续后才能定论.然而,这种合情猜测往往是很奏效的,不妨称为非充足理由原理.对于这个原理,拉松曾在《通过问题学解题》一书中作过这样的陈述:"在没有充分理由去作区分的场合,可能是没有区别的"(拉松著,陶懋颀等译,通过问题学解题,第 39 页,安徽教育出版社,1986 年).在上述例子中,由于没有充分的理由要把 x 的值取得大一点(或小一点),于是我们才合情地猜测 $x=y=\frac{1}{2}$.又如,根据非充足理由原理,我们可以猜测圆的内接矩形中以正方形面积为最大.因为若设矩形边长为 a,b 则有 $a^2+b^2=2R^2$(R 为圆半径),根据这个对称式,我们没有理由说明当矩形面积最大时,a,b 的取值不同.因而合情地猜测当 $a=b$ 时面积最大.事实也确是如此.

此处要再次说明的是,非充足理由原理不能作为演绎推理的依据,因为它仅仅是猜测.然而这种合情猜测,在寻找化归途径时,常起到不可低估的作用.

例 1.3.9 已知:$0<x_i<1(i=1,2,\cdots,n)$ 且 $x_1+x_2+\cdots+x_n=1$,试问 $x_1^2+x_2^2+\cdots+x_n^2$ 在什么条件下取得最小值?

本例的条件和结论都是对称式,根据非充足理由原理,我们预先作一个估计:当 x_i 取平均值 $\frac{1}{n}$ 时,$x_1^2+x_2^2+\cdots+x_n^2$ 取得最小值.根据这个估计,我们试用平均值换元法证明之.

设 $x_1=\frac{1}{n}+c_1,x_2=\frac{1}{n}+c_2,\cdots,x_n=\frac{1}{n}+c_n$,其中

$$c_1+c_2+\cdots+c_n=0$$

于是

$$\begin{aligned}&x_1^2+x_2^2+\cdots+x_n^2\\=&\left(\frac{1}{n}+c_1\right)^2+\left(\frac{1}{n}+c_2\right)^2+\cdots+\left(\frac{1}{n}+c_n\right)^2\\=&n\cdot\frac{1}{n^2}+\frac{2}{n}(c_1+c_2+\cdots+c_n)+(c_1^2+c_2^2+\cdots+c_n^2)\end{aligned}$$

$$=\frac{1}{n}+(c_1^2+c_2^2+\cdots+c_n^2)$$

显然，当 $c_1^2+c_2^2+\cdots+c_n^2=0$，即 $c_1=c_2=\cdots=c_n=0$ 时，原式值最小，也就是 $x_1=x_2=\cdots=x_n=\frac{1}{n}$时原式值为最小，最小值为$\frac{1}{n}$.

通过上面几个例题，我们可以看到，命题中之特殊的关系结构，仅仅为我们实现化归而提供了一个有利条件，我们能否用好这个有利条件，还要看能否把这个关系结构与相关知识建立起某种可靠的联系. 在这里，值得一提的是，这种联系往往不是唯一的，而不同的联系将会发现不同的解法，如此便出现了一题多解的情况. 一题多解，对于训练思维和巩固知识都是十分有益的.

例 1.3.10　已知：$x,y,z\in\mathbf{R}_+$，$m,n\in\mathbf{R}_+$，$x^2+y^2=z^2$，求证：

$$\frac{mx+ny}{\sqrt{m^2+n^2}}\leqslant z$$

本例可用分析法或逆证法证之. 我们把它作为**证法一**. 由于这些均为人们所熟知，不再赘述.

接着我们来探讨其他的证明方法.

若对命题条件中 $x^2+y^2=z^2$ 稍加观察，不难发现，首先它形如勾股定理，这是联系之一. 其次，它又形如圆的方程，这是联系之二. 由此而获得如下的证法二与证法三：

证法二　从"勾股定理"出发，如图 1-10 所示，把 x,y 作为一个直角三角形的直角边，把 z 作为这个直角三角形的斜边，则

$$\begin{cases}x=z\cdot\cos\alpha & (1)\\ y=z\cdot\sin\alpha & (2)\end{cases}$$

把(1)和(2)分别代入待证不等式之左边即可获证.

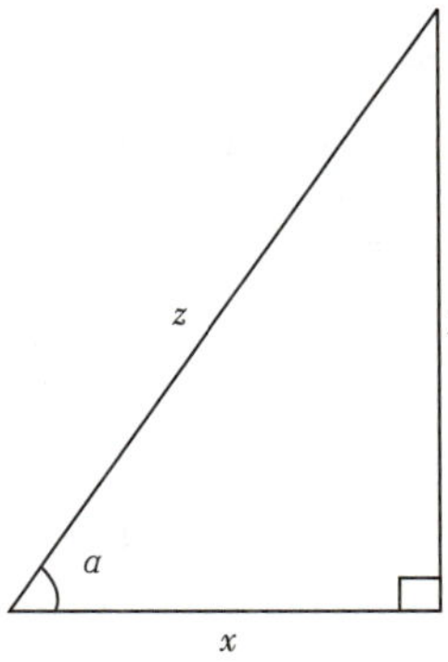

图 1-10

证法三　从"圆方程"出发，我们把 $x^2+y^2=z^2$ 看作以(0,0)点为圆心，z 为半径的圆弧(注意 $x>0,y>0$). 那么如图 1-11 所示，$\frac{mx+ny}{\sqrt{m^2+n^2}}$就恰表示圆弧上的点 A 到直线 $mx+ny=0$的距离，因为 $m,n\in\mathbf{R}_+$，所以直线必处于第二、四象限. 我们作

直线 AB 垂直于直线 $mx+ny=0$，垂足为 B，则在直角三角形 ABO 中显然有 $|AB|\leqslant|AO|=z$，故有 $\dfrac{mx+ny}{\sqrt{m^2+n^2}}\leqslant z$.

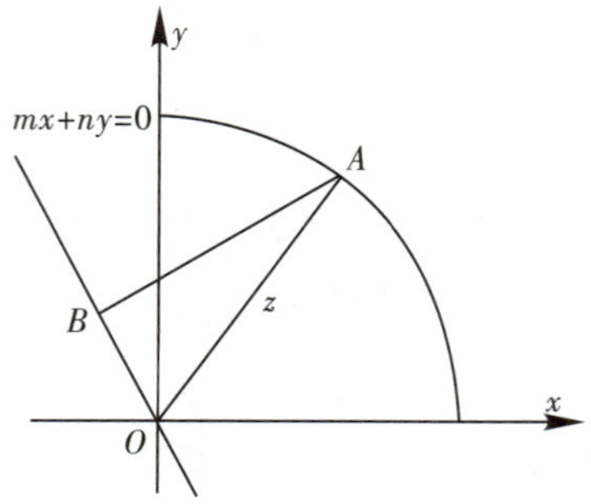

图 1-11

另外，我们还可把 $x^2+y^2=z^2$ 理解为一个代换关系，于是又可有下述第四种证法.

证法四 由于 $x^2+y^2=z^2$，所以 $z=\sqrt{x^2+y^2}$ $(x,y,z\in\mathbf{R}_+)$，将上式代入原不等式，则得

$$\frac{mx+ny}{\sqrt{m^2+n^2}}\leqslant\sqrt{x^2+y^2}$$

整理得

$$mx+ny\leqslant\sqrt{x^2+y^2}\cdot\sqrt{m^2+n^2}$$

这是一个柯西不等式，显然成立.

最后，我们还可以根据需要而去创造特殊因素.

然而，又怎样去创造特殊因素呢？不妨通过一系列举例说明之.

例 1.3.11 因式分解 $2x^2-xy-3y^2+5y-2$.

下述分解方法为大家所熟知.

$$\begin{aligned}原式&=2x^2-y\cdot x+(-3y^2+5y-2)\\&=2x^2-y\cdot x+(y-1)(2-3y)\end{aligned}$$

把这个式子看作 x 的二次三项式(y 当作系数)，这样就可以用十字相乘法分解因式而得

$$\begin{aligned}原式&=[1\cdot x+(y-1)][2x+(2-3y)]\\&=(x+y-1)(2x-3y+2)\end{aligned}$$

如上的解法给我们这样一个启示，即若一个式子含有多个元(如 x,y)，这些元本无主次之分(或虽有主次之分，但为主的元不符合我

们的需要),为了有利于问题的解决,我们可以人为地突出某个元(如x),并以它为主去考虑问题.由于这个为主的元可以自由选择,这就为我们带来了较多的变形方案,处理问题的手段也就更为灵活了.

例 1.3.12 解关于x的方程

$$x^4-10x^3-2(a-11)x^2+2(5a+6)x+2a+a^2=0$$

本例所要求解的方程中有两个字母x和a.这两个字母的主次关系是很明显的,即x是未知数而a是常数,故x为主要角色.但若照这样的主次去求方程的根,则必然要解四次方程,这是相当麻烦的.但是我们发现,题目中的a的最高次数是2,这就启发我们,能否将x和a的主次关系颠倒过来,即以a为主要角色去求解方程呢?

现把原方程整理成关于a的二次方程如下:

$$a^2-2(x^2-5x-1)a+(x^4-10x^3+22x^2+12x)=0$$

上式可进一步变形为

$$a^2-2(x^2-5x-1)a+(x^2-6x)(x^2-4x-2)=0$$

用十字相乘法而解得

$$a=x^2-6x \quad 或 \quad a=x^2-4x-2$$

于是我们有

$$x^2-6x-a=0 \tag{1}$$

或

$$x^2-4x-2-a=0 \tag{2}$$

如此,只要分别求解上述方程(1)和(2),即可求得原方程的根.

例 1.3.13 已知:$a,b,c,d,e\in\mathbf{R}$,且

$$\begin{cases} a+b+c+d+e=8 & (1)\\ a^2+b^2+c^2+d^2+e^2=16 & (2)\end{cases}$$

求e的最大值.

由已知条件可知,e值的大小取决于a,b,c,d的取值.考虑到题目条件的对称性,我们没有充足的理由说明当e取得最大值时,a,b,c,d的取值有什么不同.因而试着用平均值代换去求e的最大值.

解法一 先把(1)变形为

$$a+b+c+d=8-e$$

然后令:

$$a=\frac{8-e}{4}+m_1$$

$$b=\frac{8-e}{4}+m_2$$

$$c=\frac{8-e}{4}+m_3$$

$$d=\frac{8-e}{4}+m_4$$

其中 $m_1+m_2+m_3+m_4=0$.

把上述假设代入(2),得

$$\left(\frac{8-e}{4}+m_1\right)^2+\left(\frac{8-e}{4}+m_2\right)^2+$$
$$\left(\frac{8-e}{4}+m_3\right)^2+\left(\frac{8-e}{4}+m_4\right)^2+e^2=16$$

整理得

$$4\times\left(\frac{8-e}{4}\right)^2+e^2+m_1^2+m_2^2+m_3^2+m_4^2=16$$

进而得

$$\frac{(8-e)^2}{4}+e^2=16-(m_1^2+m_2^2+m_3^2+m_4^2)\leqslant 16$$

(当 $m_1=m_2=m_3=m_4=0$ 时“$\leqslant$”号中的“$=$”号成立)

解得

$$0\leqslant e\leqslant\frac{16}{5}$$

所以 e 的最大值是 $\frac{16}{5}$.

解法一是建立在“公平”地对待各个字母的基础上的,那么是否能用突出某一个的办法去求解呢?试看下述解法二.

解法二 从(1)(2)两式中消去 a,并以 b 为主整理,得

$$2b^2-2(8-c-d-e)b+(8-c-d-e)^2+c^2+d^2+e^2-16=0$$

由题设知这个方程应有实数根,所以必有

$$\Delta_b=4(8-c-d-e)^2-$$
$$8[(8-c-d-e)^2+c^2+d^2+e^2-16]\geqslant 0 \tag{3}$$

再以 c 为主,把(3)整理为

$$3c^2-2(8-d-e)c+(8-d-e)^2-2(16-d^2-e^2)\leqslant 0 \tag{4}$$

因为(4)必有解，所以

$$\Delta_c=4(8-d-e)^2-12[(8-d-e)^2-2(16-d^2-e^2)]\geqslant 0$$

我们以 d 为主整理这个不等式，得

$$4d^2-2(8-e)d+(8-e)^2-3(16-e^2)\leqslant 0$$

同样，又有 $\Delta_d\geqslant 0$，并据此可解得

$$0\leqslant e\leqslant \frac{16}{5}$$

所以 e 的最大值为 $\frac{16}{5}$.

本题的两种解法是相反相成的两种解法，解法一把题中诸元平等看待而用平均值换元法求解. 解法二则以突出题中某元的办法，有重点地逐步消元而获解. 殊途同归，使得对称式的处理方法更为完善，更合乎认识规律.

1.4 一般化

我们曾在 1.2 节中论及，相对于一般而言，特殊事物往往比较熟悉，而易于认识，因而我们常常把特殊化作为实现化归的途径之一. 然而此说也不尽然. 世界上的事物是复杂而多样的，如上述论之特殊与一般的关系，只是反映人类认识事物的一个侧面. 完全相反地，人们对一般事物较为熟悉，对特殊事物反而不那么熟悉的情形也屡见不鲜. 下述问题Ⅰ和问题Ⅱ就是如此.

问题Ⅰ 设 $0\leqslant b\leqslant 1$，求证

$$\left(1+\frac{b}{3\ 976}\right)^{1\ 988}<\left(1+\frac{b}{3\ 978}\right)^{1\ 989}$$

问题Ⅱ 设 $0\leqslant a\leqslant 1$，求证

$$\left(1+\frac{a}{n}\right)^{n}<\left(1+\frac{a}{n+1}\right)^{n+1}$$

显然，我们对问题Ⅰ的形式和证明方法就没有对问题Ⅱ那么熟悉. 然而，前者却是后者的特例，后者是前者的一般形式. 事实上，我们只需令问题Ⅱ中的 $n=1\ 988$，$a=\frac{1}{2}b$，就变形为问题Ⅰ.

上述特殊与一般在认识上的差异必然导致化归途径上的差异. 这就是说，在我们对特殊形式比较熟悉时，我们就沿着特殊化的途径去

实现化归,但若我们对一般形式比较熟悉时,那么就应反过来,沿着一般化的途径去实现化归.正如本章开始时所论及的那样,这两条途径是相辅相成的.两者和谐地统一在一起,使化归方法更为完善.

由上述问题Ⅰ和Ⅱ也可看出,把待处理问题一般化的关键是寻找它(如问题Ⅰ)的一般原型(如问题Ⅱ).而一般化带来的实际效果,乃在于能使我们在更广阔的领域中使用更灵活的方法去研究待处理问题.

例 1.4.1 求证:$C_n^0+C_n^1+C_n^2+\cdots+C_n^n=2^n$.

考察等式左边,发现它的每一项恰好是二项展开式

$$(a+b)^2=C_n^0a^n+C_n^1a^{n-1}b+C_n^2a^{n-2}b^2+\cdots+C_n^nb^n \qquad (1)$$

的系数.

比较原题和(1),即知(1)是原题左边的一般原型,而原题左边只是(1)右边当 $a=b=1$ 时的特殊形式. 于是问题迎刃而解.事实上,只要令(1)中 $a=b=1$,便有

$$2^n=(1+1)^n=C_n^0+C_n^1+C_n^2+\cdots+C_n^n$$

对二项展开式中的 a,b 赋予特殊值,就改变了它原先的形态,然后把赋值的过程抽去,仅仅把赋值后的结论摆到我们面前,就构成了一个"特殊形式"的问题.这类问题比比皆是,而且随着电子计算机的出现,也有其现实意义.尽管特殊形式常以"陌生的面孔"出现,但由于特殊性中包含着普遍性,所以不管怎样改变形态,总离不开"一般"所概括起来的本质特征,只要我们细心观察、分析,总能找到蛛丝马迹,从而发现它的一般原型.

例 1.4.2 求:

(1) $\sum\limits_{K=0}^{n}2^KC_n^K$;

(2) $\sum\limits_{K=0}^{n}(-1)^K3^KC_n^K$;

(3) $\sum\limits_{K=1}^{n}K\cdot C_n^K$

让我们抓住"蛛丝马迹"C_n^K 而写出二项展开式:

$$(a+b)^n=\sum_{K=0}^{n}C_n^Ka^Kb^{n-K} \qquad (1)^*$$

解 (1) 令$(1)^*$中 $a=2$,$b=1$,得

$$(2+1)^n = \sum_{K=0}^{n} 2^K \mathrm{C}_n^K$$

所以
$$\sum_{K=0}^{n} 2^K \mathrm{C}_n^K = 3^n$$

(2) 令(1)* 中 $a=-3, b=1$,得

$$(-3+1)^n = \sum_{K=0}^{n} \mathrm{C}_n^K (-1)^K 3^K$$

于是
$$\sum_{K=0}^{n} (-1)^K 3^K \mathrm{C}_n^K = (-2)^n = (-1)^n 2^n$$

(3)稍微要比(1)和(2)麻烦一点,怎样才能使 C_n^K 前面出现系数 K 呢? 这正是导数的功能. 于是把二项展开式的两边对 a 求导而得

$$n(a+b)^{n-1} = \sum_{K=1}^{n} K\mathrm{C}_n^K a^{K-1} b^{n-K}$$

再令上式中 $a=b=1$,即得

$$n(1+1)^{n-1} = \sum_{K=1}^{n} K\mathrm{C}_n^K$$

所以

$$\sum_{K=0}^{n} K\mathrm{C}_n^K = n \cdot 2^{n-1}$$

例 1.4.3 已知:$\sum_{K=0}^{n} a_K x^K = (x^{1958} + x^{1957} + 2)^{1959}$. 求:$a_0 - \frac{a_1}{2} - \frac{a_2}{2} + a_3 - \frac{a_4}{2} - \frac{a_5}{2} + a_6 - \cdots$ 的值.

注意到求值式中不含有 x,而已知条件中等式的左边为

$$a_0 x^0 + a_1 x^1 + a_2 x^2 + \cdots + a_n x^n \tag{1}$$

因而求值式的一般原型就是(1).

那么,应该对(1)中的 x 赋予什么特殊数值才能得到求值式呢? 试比较

$$\begin{array}{ccccccc} a_0 x^0 & +\, a_1 x^1 & +\, a_2 x^2 & +\, a_3 x^3 & +\, a_4 x^4 & +\, a_5 x^5 & +\, a_6 x^6 + \cdots \\ \updownarrow & \updownarrow & \updownarrow & \updownarrow & \updownarrow & \updownarrow & \updownarrow \\ a_0 \cdot 1 & -\, a_1 \cdot \frac{1}{2} & -\, a_2 \cdot \frac{1}{2} & +\, a_3 \cdot 1 & -\, a_4 \cdot \frac{1}{2} & -\, a_5 \cdot \frac{1}{2} & +\, a_6 \cdot 1 \end{array}$$

于是发现应有 $x^0=1, x^3=1, x^6=1, \cdots$,因此 x 应取的值,首先要使它的 $3K$ 次幂是 1,显然,$-\frac{1}{2} \pm \frac{\sqrt{3}}{2}\mathrm{i}$ 具有这样的性质. 其次,x 取的值还

应满足 $x^1=-\frac{1}{2}$，$x^2=-\frac{1}{2}$，$x^4=-\frac{1}{2}$，$x^5=-\frac{1}{2}$，…，但 $-\frac{1}{2}\pm\frac{\sqrt{3}}{2}\mathrm{i}$ 不具备这样的性质. 不过，让我们继续观察

$$\left(-\frac{1}{2}\pm\frac{\sqrt{3}}{2}\mathrm{i}\right)^1=-\frac{1}{2}\pm\frac{\sqrt{3}}{2}\mathrm{i}$$

$$\left(-\frac{1}{2}\pm\frac{\sqrt{3}}{2}\mathrm{i}\right)^2=-\frac{1}{2}\mp\frac{\sqrt{3}}{2}\mathrm{i}$$

$$\left(-\frac{1}{2}\pm\frac{\sqrt{3}}{2}\mathrm{i}\right)^4=-\frac{1}{2}\pm\frac{\sqrt{3}}{2}\mathrm{i}$$

$$\left(-\frac{1}{2}\pm\frac{\sqrt{3}}{2}\mathrm{i}\right)^5=-\frac{1}{2}\mp\frac{\sqrt{3}}{2}\mathrm{i}$$

便可发现这些复数的实部都是 $-\frac{1}{2}$. 因此我们可以认为“求值式”是题中的 $x^K(K=0,1,2,\cdots)$ 取 $\left(-\frac{1}{2}+\frac{\sqrt{3}}{2}\mathrm{i}\right)^K$ 或 $\left(-\frac{1}{2}-\frac{\sqrt{3}}{2}\mathrm{i}\right)^K$ 的实部时的形态. 只要求得 $\sum\limits_{K=0}^{n}a_Kx^K$ 中的实部，问题即可获解. 根据复数相等的定义，这是可以办到的.

解 因为 $\sum\limits_{K=0}^{n}a_Kx^K=(x^{1\,958}+x^{1\,957}+2)^{1\,959}$，令

$$x=-\frac{1}{2}+\frac{\sqrt{3}}{2}\mathrm{i}$$

$$\begin{aligned}式左&=a_0x^0+a_1x^1+a_2x^2+a_3x^3+\cdots\\&=a_0\left(-\frac{1}{2}+\frac{\sqrt{3}}{2}\mathrm{i}\right)^0+a_1\left(-\frac{1}{2}+\frac{\sqrt{3}}{2}\mathrm{i}\right)^1+\\&\quad a_2\left(-\frac{1}{2}+\frac{\sqrt{3}}{2}\mathrm{i}\right)^2+a_3\left(-\frac{1}{2}+\frac{\sqrt{3}}{2}\mathrm{i}\right)^3+\cdots\\&=\left(a_0-\frac{1}{2}a_1-\frac{1}{2}a_2+a_3-\cdots\right)+\frac{\sqrt{3}}{2}(a_1-a_2+\cdots)\mathrm{i}\end{aligned}$$

$$\begin{aligned}式右&=\left[\left(-\frac{1}{2}+\frac{\sqrt{3}}{2}\mathrm{i}\right)^{1\,958}+\left(-\frac{1}{2}+\frac{\sqrt{3}}{2}\mathrm{i}\right)^{1\,957}+2\right]^{1\,959}\\&=1\end{aligned}$$

按照复数相等的定义知

$$a_0-\frac{1}{2}a_1-\frac{1}{2}a_2+a_3-\cdots=1$$

由上例可知,找出待处理问题的一般原型,只是完成了一般化工作的主要部分,如要最终获解,我们还需接着把对一般问题的研究落实到具体问题上,而其中可能仍然存在着一个化归途径的确定与化归方法的选择的问题.正如引言部分所说的那样,化归往往是多步或多层次的.同时,一般化也总是与特殊化结合在一起去实现化归的.就其过程来说可有如下模式(图 1-12):

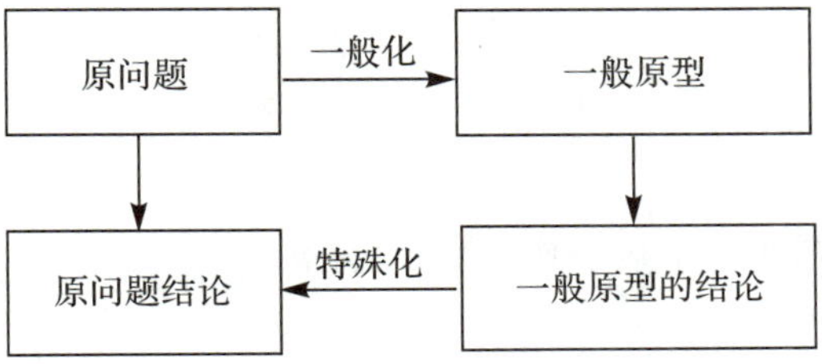

图 1-12

如所知,方程、不等式与函数相比较,前者是特殊形式,后者是一般形式.方程、不等式的解可理解为对应函数处在某特定状态时的自变量的值,其个数、大小、范围都与函数性质有着密切的联系.因此,当我们研究方程、不等式时,一方面可以像 1.2 节所说的那样,将它们化为特殊形式去解决,另一方面,又可用一般化的方法,把它们置身于函数之中,使我们能在更一般、更广阔的领域,在变化之中去寻求化归的途径.特别当方程或不等式的解受到较为复杂的条件制约时,置方程、不等式于函数之中,还可帮助我们克服由于考虑不周而带来的失误.

例 1.4.4　已知方程 $|(x-1)(x-3)|=kx$ 有四个不相同的实数根,求 k 的范围.

下述求解方案将导致失误:

用零点区分法去掉绝对值符号,把原方程变为两个一元二次方程,使每一个一元二次方程都有两个不同的实数根.从而求得 k 的范围如下:

$$k\in(-\infty,-4-2\sqrt{3})\cup(-4-2\sqrt{3},4+2\sqrt{3})\cup(4+2\sqrt{3},+\infty)$$

然而这一结论是错误的,试取 $k=-8$,便知原方程没有四个相异实数根.

仔细想来,上述解题方案也确有不妥之处:

首先要使原方程成立,必须使 $k\cdot x\geqslant 0$,但这一点却没有在上述解题过程中体现出来.其次解题方案中“使每一个一元二次方程都有两个不同的实数根”也不妥,因为它不是原方程有四个不同的实根的充分条件.

这些表明方程之根受到许多复杂条件的制约,必须考虑周全,才能避免失误.

现置方程于相应的函数之中,以能在更为广阔的领域中去研究其根的情况.令

$$\begin{cases} y=|(x-1)(x-3)| & (1) \\ y=kx & (2) \end{cases}$$

在同一直角坐标系中作出这两个函数的图像(图 1-13).

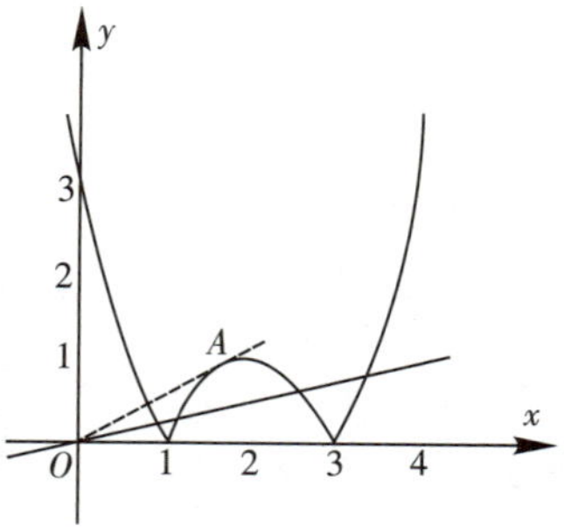

图 1-13

函数(1)的图像是由两个抛物线的一部分组合而成的,而函数(2)的图像是过原点的直线系.原方程的解便是两个图像交点的横坐标.从而我们的目标便是求出 k 为何值时两个图像出现四个不同的交点.

设 OA 是抛物线 $y=-(x-1)\cdot(x-3)(1<x<3)$ 的切线,显然,只有当直线 $y=kx$ 在 x 轴和 OA 之间时两图像才能有四个不同的交点.而 $k_{OA}=4-2\sqrt{3}$.由此可知,当 $0<k<4-2\sqrt{3}$ 时方程有四个不同的实数根.

本例的求解过程表明,通过函数图像(或方程的曲线)来研究方程,我们不仅能在可变状态下更为灵活地作出判断,还能创造出一种更为形象的直观意境.

例 1.4.5 当 k 为何值时,关于 x 的方程

$$7x^2-(k+13)x+k^2-k-2=0$$

的两个根分别在区间 $(0,1)$ 与 $(1,2)$ 内.

若设 $0<x_1<1,1<x_2<2$,然后根据韦达定理往求 k 之值,显然是不充分的.

现在,我们仍然把方程置于函数之中去考虑.

设 $f(x)=7x^2-(k+13)x+k^2-k-2$,如示意图1-14所表明的,

该函数的图像只有在区间(0,1)内穿过 x 轴一次，又在区间(1,2)内穿过 x 轴一次才能满足题意要求. 也就是说，$f(x)$必须在(0,1)内变号，并且又在(1,2)内变号. 其充要条件是：

$$\begin{cases} f(0)>0 \\ f(1)<0 \\ f(2)>0 \end{cases}$$

据此即可获知本例的答案应该是 $-2<k<-1$ 或 $3<k<4$.

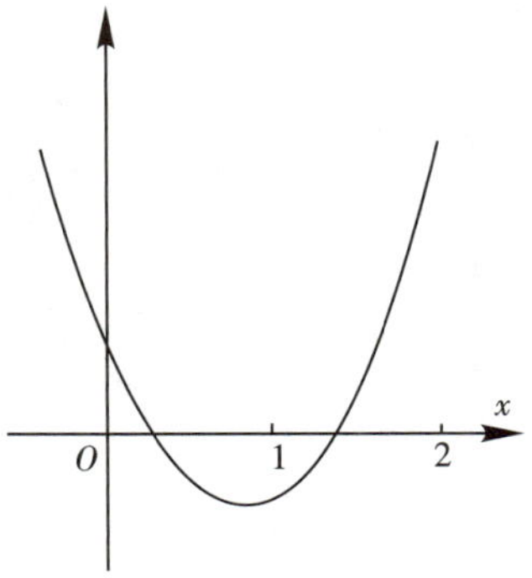

图 1-14

在不等式的证明方法中，有一种方法叫作构造函数法. 其具体过程是：先找到不等式的一般原型，即相应的函数，再研究这个函数的性质，然后又把研究结果落实到所要证明的不等式之中. 从认识论的角度来看，此种方法正是“特殊——一般—特殊”的思想方法的具体表现.

例 1.4.6 在[0,1]上证明：若 $p\in\mathbf{N}, p>1$，则

$$\frac{1}{2^{p-1}}\leqslant x^p+(1-x)^p\leqslant 1$$

我们暂时不管“≤”号能否成立，而在更为广阔的领域中考虑 $x^p+(1-x)^p$ 的范围，即构造这样一个函数 $f(x)=x^p+(1-x)^p$，并考虑 $f(x)$的值域.

因为 $f'(x)=p[x^{p-1}-(1-x)^{p-1}]$，我们令 $f'(x)=0$ 可解得唯一的驻点 $x=\frac{1}{2}$，进而知 $x=\frac{1}{2}$ 是极小点，故 $f\left(\frac{1}{2}\right)=\frac{1}{2^{p-1}}$ 是极小值(也是最小值). 又因为 $f(0)=f(1)=1$，故 $f(x)$的最大值为 1. 所以不等式 $\frac{1}{2^{p-1}}\leqslant x^p+(1-x)^p\leqslant 1$ 成立.

例 1.4.7 证明不等式 $\log_a(a+b)>\log_{(a+c)}(a+b+c)$，$(a>1,b,$

$c>0$).

我们发现不等式左右两边的结构完全相同,差别仅仅在于右边对数的底数和真数比左边的多了一个 c.因此我们考虑构造这样一个函数,$f(x)=\log_x(x+b)$,$[x\in(1,+\infty)]$,这样待证不等式就是 $f(a)>f(a+c)$.但由于 $c>0$,故 $a<a+c$,所以我们必须证明 $f(x)$是减函数.

由于
$$f(x)=\log_x(x+b)=\frac{\ln(x+b)}{\ln x}$$

所以

$$f'(x)=\frac{\frac{1}{x+b}\cdot\ln x-\frac{1}{x}\ln(x+b)}{\ln^2 x}$$

$$=\frac{x\ln x-(x+b)\cdot\ln(x+b)}{x(x+b)\ln^2 x}$$

上式中分母显然是正数,又由于

$$\begin{cases}1<x<x+b\\0<\ln x<\ln(x+b)\end{cases}$$

故

$$x\ln x<(x+b)\cdot\ln(x+b)$$

所以

$$f'(x)<0$$

因而 $f(x)$在区间$(1,+\infty)$内是减函数,所以有

$$f(a)>f(a+c)$$

命题得证.

解析几何中也渗透着一般化思想,如借助于曲线系方程而确定某特定曲线的方程就是其中的一种形式.其中曲线系方程是特定曲线方程的一般原型.

例 1.4.8 一圆经过点$(-2,-4)$,且与直线 $x+3y-26=0$ 相切于点$(8,6)$,试求该圆的方程.

我们通过两次一般化来求解本例答案.

第一次一般化,把切点$(8,6)$视为一个半径等于零的圆$(x-8)^2+(y-6)^2=0$.如此对于点$(8,6)$在直线 $x+3y-26=0$ 上,就被相应地理解为直线与点圆有公共点.

第二次一般化，把过直线与点圆公共点的圆系方程写出来：

$$(x-8)^2+(y-6)^2+\lambda(x+3y-26)=0$$

然后再在圆系方程（一般形式）中寻找过点$(-2,-4)$的特殊的圆，故把点$(-2,-4)$的坐标代入圆系方程而得

$$\lambda=5$$

因而所求之圆方程为

$$(x-8)^2+(y-6)^2+5(x+3y-26)=0$$

即

$$x^2+y^2-11x+3y-30=0$$

从前面所给 8 例可知，给出一般原型的途径有两种，其一是根据问题特征，联系已有的知识，**发现**一般原型，其二是根据需要**构造**一个一般原型. 后一个途径显然较前一个途径更为灵活和自由，从而应用也更为广泛. 不妨再看一例.

例 1.4.9　求

$$\begin{vmatrix} 1 & a & a^2 & a^3 \\ 1 & b & b^2 & b^3 \\ 1 & c & c^2 & c^3 \\ 1 & d & d^2 & d^3 \end{vmatrix}$$

的值.

可采用一般化的方法来求这个四阶范德蒙行列式的值.

现采用如下的方法去构造原行列式的一般原型：引进变量 x 代换原行列式中之 a，而让 b,c,d 保持不变，即

$$F(x)=\begin{vmatrix} 1 & x & x^2 & x^3 \\ 1 & b & b^2 & b^3 \\ 1 & c & c^2 & c^3 \\ 1 & d & d^2 & d^3 \end{vmatrix}$$

这样原行列式便是 $F(a)$，此乃 $F(x)$的特殊形式，那么 $F(x)$就是原行列式的一般形式了.

接着我们来研究如何利用这个一般原型，往求原行列式之值.

由于 $F(x)$是一个 x 的三次多项式，并知 $f(b)=0, f(c)=0, f(d)=0$. 因此根据因式定理而知

$$F(x)=A(x-b)(x-c)(x-d)$$

其中 A 是 x^3 的系数. 所以

$$A=-\begin{vmatrix}1 & b & b^2\\1 & c & c^2\\1 & d & d^2\end{vmatrix}$$

用同样的办法展开这个三阶行列式. 设

$$G(y)=\begin{vmatrix}1 & y & y^2\\1 & c & c^2\\1 & d & d^2\end{vmatrix}=A'(y-c)(y-d)$$

[注意,此时 $A=-G(b)$],其中 A' 是 y^2 的系数,故应有

$$A'=\begin{vmatrix}1 & c\\1 & d\end{vmatrix}=d-c$$

于是

$$G(y)=(d-c)(y-c)(y-d)$$

$$G(b)=(d-c)(b-c)(b-d)=-A$$

所以

$$F(x)=-(d-c)(b-c)(b-d)(x-b)(x-c)(x-d)$$

$$F(a)=-(d-c)(b-c)(b-d)(a-b)(a-c)(a-d)$$

所以原行列式的值为

$$(b-a)(c-a)(d-a)(c-b)(d-b)(d-c)$$

二　分解与组合

认识论的原则告诉我们，要认识一个事物，只停留在表面的观察是不够的，必须通过分解，深入事物的内部，才能对事物有一个真正的了解. 数学和数学问题也不例外，同样需要通过分解，才能深入其内部，从而把握问题的本质.

第一，只有通过分解，才能清晰地了解待处理问题内部的各种制约关系，从而找到一个解决问题的办法，也只有通过分解，才能弄清问题的外延，从而知道我们应该从哪些方面入手去解决问题.

第二，就化归的本义来说，我们处理问题也不能总是依靠“把一个问题转化为一个熟悉问题”的模式. 实际上，哪怕是一个极简单的问题，也往往在处理过程中伴随着分解，即把一个问题分解成几个熟悉的问题，如所知，我们在求凸多边形的内角和时，就是把凸多边形分解为几个三角形去处理的.

第三，分解又是数学概念由低级向高级逐步推进的重要手段. 例如，我们在实数域中研究指数的意义和性质时，先是研究自然数指数，进而研究整数指数和有理数指数，最后才研究实数指数的情形. 这种对指数概念由低级向高级的逐步推进及其研究方法，就是以实数概念的形成过程被分解为上述四个阶段为重要手段的.

当然，分解的意义远不止上述三个方面，但有了这三个方面，也就足以说明分解对于实现化归的重要作用了.

“分解”对于化归尽管重要，但在许多情况下，“分解”并不能独立地实现化归的全过程，即不能独立地将待处理问题转化为已经能解决的问题. 为使化归过程的完全实现，往往还要求助于“组合”. 实际上，分解与组合密切相关，相辅相成. 它们的有机结合是求取问题的最后结论所必需，而且更为主要的是此种结合将导致待处理问题的关系结构的重新搭配. 这正是分解与组合作为一种数学方法在化归过程中的活力所在，也是我们所以要在研究分解的同时还必须研究组合的原因. 对此我们将在下文中进一步举例说明.

2.1 分解的对象

在用分解和组合去实现化归过程中，对于待处理的问题，通常有如下四个方面被作为分解对象：(1)问题本身；(2)问题的条件；(3)问题的外延；(4)实现目标的过程. 我们在下文中分别举例说明之，并由此进一步阐明组合的方法与形式.

1. 把问题本身作为被分解的对象

对此，通常有如图 2-1 与图 2-2 所示的两种形式：

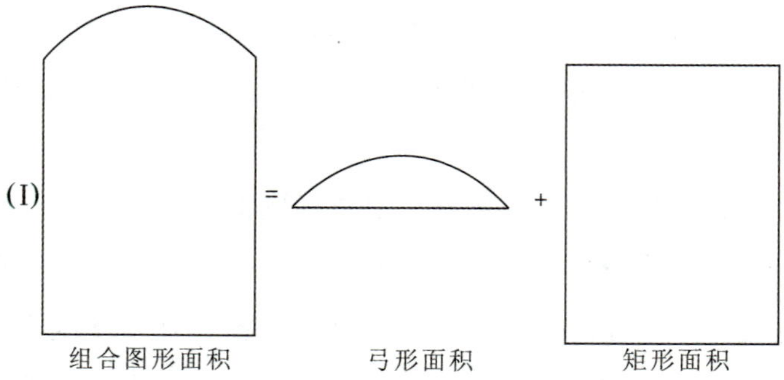

图 2-1

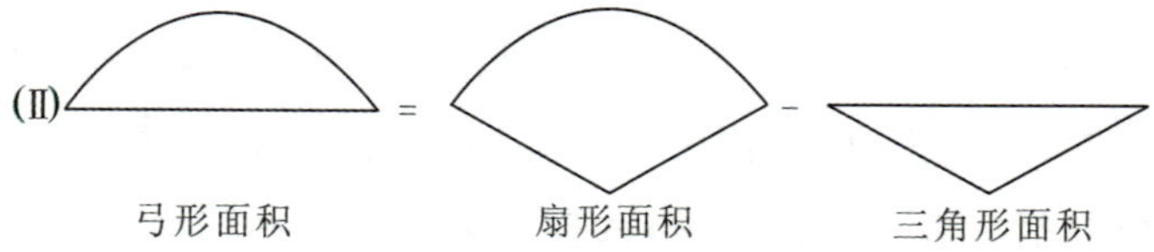

图 2-2

图 2-1 是将整体分解为局部之和的形式.

图 2-2 是将局部分解为整体与另一局部之差的形式.

当然，作为一种化归方法而言，在上述(Ⅰ)(Ⅱ)两种形式中只有当“＝”号右边的内容比左边的内容更容易处理时，才能显示出这种分解的作用和意义.

在本节中，我们先讨论上述(Ⅰ)的情形，即所谓整体分解法. 对于

（Ⅱ）的情形，我们将安排在 2.3 节中分析讨论.

由图 2-1 所示的（Ⅰ）的情形可知，待处理问题经过整体分解后，便被分为若干个较简单的小问题，在实现化归时，我们可先分别求解这些小问题，再把所有这些小问题的解迭加或求并，其结果理应就是原问题的解. 这表明整体分解后的组合方式就是迭加或求并，其模式可作框图如图 2-3 所示：

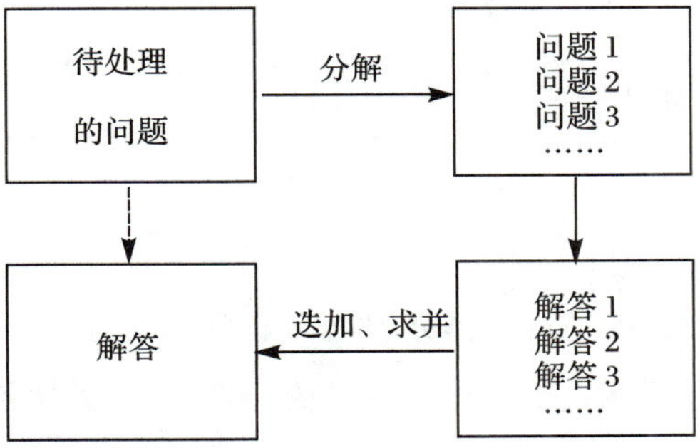

图 2-3

平面几何与立体几何中常用的形体分割法，就是这种分解模式的直观反映.

例 2.1.1　已知三棱锥中有一条棱长为 6，其余各棱长均为 5. 求这个三棱锥的体积.

本例若按图 2-4(a)所示，运用公式 $V=\frac{1}{3}PO\cdot S_{\triangle ABC}$ 求其体积，则计算甚为烦琐. 但若把原三棱锥分解成两个易求其体积的小三棱锥，然后相加而得原三棱锥之体积，则甚简单易行.

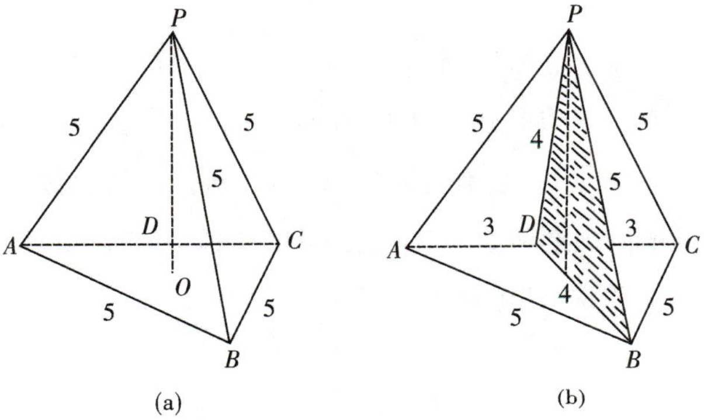

图 2-4

令取 AC 中点 D 而连接 BD，易证平面 $PBD\perp AC$，于是

$$
\begin{aligned}
V_{P\text{-}ABC} &= V_{A\text{-}PBD} + V_{C\text{-}PBD} \\
&= \frac{1}{3} AD \cdot S_{\triangle PBD} + \frac{1}{3} \cdot CD \cdot S_{\triangle PBD} \\
&= \frac{1}{3}(AD + CD) \cdot S_{\triangle PBD} \\
&= \frac{1}{3} \times 6 \cdot S_{\triangle PBD}
\end{aligned}
$$

因为$\triangle PBD$的三边长甚易求得：$PB=5$，$BD=PD=4$. 所以 $S_{\triangle PBD}=\frac{5\sqrt{39}}{4}$. 所以所求之体积为

$$V_{P\text{-}ABC}=\frac{1}{3}\times 6\times\frac{5\sqrt{39}}{4}=\frac{5\sqrt{39}}{2}$$

从广义的角度来看，整体分解也并非总是针对整个待处理问题去作分解，有时也可针对待处理问题之核心，或求解之关键进行分解. 通常认为，这也是整体分解的一种方式，因为对于化归而言，核心或关键所在的解决，与待处理问题本身的解决基本上是一回事.

例 2.1.2 正四棱锥之侧棱长为 l. 问：相邻侧面的二面角多大时，其体积最大？

如图 2-5 所示，先作出相邻侧面的二面角的平面角$\angle BED$，记为 α.

显然，本例的关键之处，乃在于建立 α 与三棱锥 $S\text{-}BDC$ 的体积 V 之间的关系式.

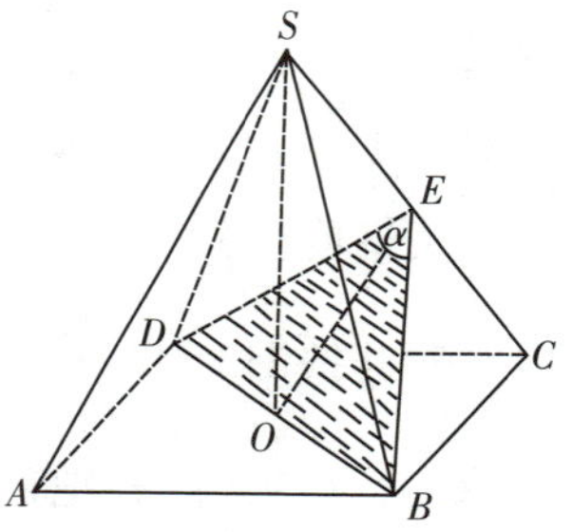

图 2-5

考虑到 α 在$\triangle BDE$ 内，因此我们借用平面 BDE，把三棱锥 $S\text{-}BDC$分割成两个都以$\triangle BDE$ 为底面的小三棱锥 $S\text{-}BDE$ 和 $C\text{-}BDE$. 由于每一个小三棱锥的体积都是 α 的函数，那么按照分割后的两个小三棱锥体积之和等于三棱锥 $S\text{-}BDC$ 体积 V 这个关系，便可建立起 V 与 α 的关系. 具体过程如下：

$$
\begin{aligned}
V &= V_{S\text{-}BDE} + V_{C\text{-}BDE} \\
&= \frac{1}{3} \cdot SE \cdot S_{\triangle BDE} + \frac{1}{3} \cdot CE \cdot S_{\triangle BDE} \\
&= \frac{1}{3} \cdot l \cdot S_{\triangle BDE}
\end{aligned}
$$

其中 $S_{\triangle BDE}$ 可以用 l 与 α 表示：

$$S_{\triangle BDE}=l^2\left(1-\cot^2\frac{\alpha}{2}\right)\cdot\cot\frac{\alpha}{2}$$

于是

$$V=\frac{1}{3}l^3\left(1-\cot^2\frac{\alpha}{2}\right)\cdot\cot\frac{\alpha}{2}$$

接下来的问题是求当 V 取最大值时的 α 的值. 因为

$$\begin{aligned}V^2&=\frac{1}{9}l^6\left(1-\cot^2\frac{\alpha}{2}\right)^2\cdot\cot^2\frac{\alpha}{2}\\&=\frac{1}{18}l^6\left(1-\cot^2\frac{\alpha}{2}\right)\left(1-\cot^2\frac{\alpha}{2}\right)\left(2\cot^2\frac{\alpha}{2}\right)\\&\leqslant\frac{1}{18}l^6\cdot\left(\frac{1-\cot^2\frac{\alpha}{2}+1-\cot^2\frac{\alpha}{2}+2\cot^2\frac{\alpha}{2}}{3}\right)^3\\&=\frac{4}{3^5}l^6\end{aligned}$$

所以

$$V\leqslant\frac{2}{9\sqrt{3}}l^3$$

当且仅当 $1-\cot^2\frac{\alpha}{2}=2\cot^2\frac{\alpha}{2}$ 即 $\alpha=120°$ 时"="号成立.

故当相邻两侧面的二面角为 120°时棱锥体积最大.

上述两例中的化归方法都属整体分解中的形体分割法. 但它们在求取问题结论时所起的作用并不完全相同，在例 2.1.1 中，把三棱锥分割成两个小三棱锥后，便利用了"两个小三棱锥的体积之和等于原三棱锥体积"这个关系，从而直接获解. 但在例 2.1.2 中，虽也同样运用了上面那种关系，然而这个关系并没有使我们直接获解，它仅仅为建立 V 与 α 之间的关系架起了一座桥梁. 这一不同之处正显示了整体分解法的两个层次，即简单运用（如例 2.1.1）和灵活运用（如例 2.1.2）. 我们当然对后者更为欣赏.

上述两例不仅表明了分解与组合在推理过程中的真正作用，还在于可把待处理问题的关系结构重新搭配，以使我们能在新的关系结构中去寻找化归的途径. 如在例 2.1.2 中，我们在把三棱锥 S-BDC 分割并重新组合后，就构成了新的关系结构，即增加了 $\triangle BDE$ 面积这样一个内容，出现了 $\alpha\rightarrow S_{\triangle BDE}\rightarrow V$ 的新关系. 我们正是依靠这些新内容和新关系，才建立了 V 与 α 的关系式.

分解组合推理的这种作用，很像孩子们玩积木：如果认为已经堆积好的实物的形体不合心意，便可拆散(分解)并予以重新堆积(重新组合)，直到满意为止. 在化归中也是这样，如果我们认为所给问题的关系结构不利于化归，那就予以分解(拆掉)并重新组合(重新堆积).

例 2.1.3 求和：$\arctan 1+\arctan\frac{1}{3}+\arctan\frac{1}{7}+\cdots+\arctan\frac{1}{1+n+n^2}(n=0,1,2,\cdots)$.

原式给出的关系结构显然不能令人"满意"，因为它不利于求和. 因而我们设法把它拆开并重新组合之，由于

$$\arctan\frac{1}{1+n+n^2}=\arctan\frac{(n+1)-n}{1+n(n+1)}$$

这使我们想起了差角的正切公式：

$$\tan(\alpha-\beta)=\frac{\tan\alpha-\tan\beta}{1+\tan\alpha\cdot\tan\beta}$$

于是原数列通项就可分解为如下形式：

$$\arctan\frac{1}{1+n+n^2}=\arctan(n+1)-\arctan n \tag{1}$$

我们把式(1)中的 n 分别用 $0,1,2,\cdots,n$ 代换，这样所给和式即可被分解为

$$\begin{aligned}S_n=&\arctan 1-\arctan 0+\arctan 2-\\&\arctan 1+\arctan 3-\arctan 2+\cdots+\\&\arctan(n+1)-\arctan n\end{aligned}$$

再重新组合，便得到如下的新的关系结构(实际演算时这一步不必写出)：

$$\begin{aligned}S_n=&-\arctan 0+(\arctan 1-\arctan 1)+\\&(\arctan 2-\arctan 2)+(\arctan 3-\arctan 3)+\cdots+\\&(\arctan n-\arctan n)+\arctan(n+1)\end{aligned}$$

这样的关系结构就有利于求和了，于是

$$S_n=\arctan(n+1)-\arctan 0=\arctan(n+1)$$

2. 针对问题条件的分解方式

问题条件被分解的功能在于能暂时解除它们之间的制约关系，使

我们能更自由地分别探求只满足部分条件的对象的集合.当然,为了求得问题的解决,我们还须进行分解后的重新组合,也就是说我们还应回过头来再次利用制约关系,往求上述那些满足部分条件的对象的集合之交.

例 2.1.4 n 是具有下述性质的最小正整数,它是 15 的倍数,而且每一位数字都是 0 或 8,求$\frac{n}{15}$的值.

我们把本例之分解(条件的分解)与组合(求交)的推理过程简明扼要地图示如下(图 2-6):

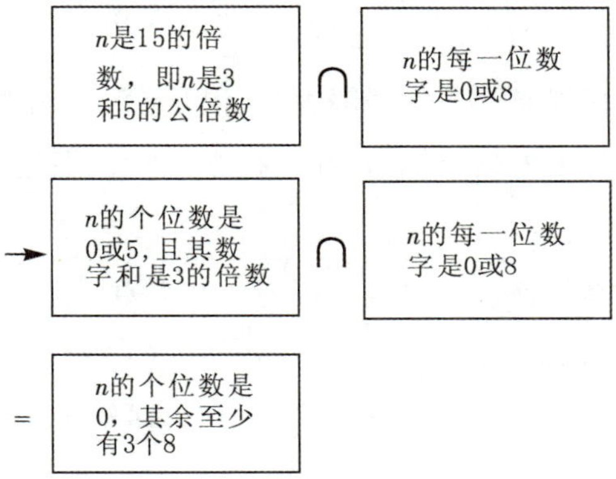

图 2-6

于是 $n=8\ 880$,$\frac{n}{15}=592$.

对条件之间的制约关系比较复杂的问题,特别要注意条件的分解.因为通过分解,可以使制约关系变得清晰、明朗和便于运用,如下例所示.

例 2.1.5 已知抛物线 $y^2=x$ 的一条弦 PQ 被直线 $y=k(x-1)+1$ 垂直平分.求 k 的范围.

本题的条件大致可分解为如下三层:

(1)PQ 是抛物线的弦,因此知 P,Q 两点都在抛物线上,据此可设 $P(y_1^2,y_1)$,$Q(y_2^2,y_2)$;

(2)PQ 与直线垂直,于是知 $k_{PQ}=-\frac{1}{k}$;

(3)PQ 被直线平分,故 PQ 中点的坐标必满足该直线的方程 $y=k(x-1)+1$.

因而同时满足如上三个条件的对象的集合应为

$$\left\{y_1,y_2,k \;\middle|\; \begin{cases}\dfrac{y_1-y_2}{y_1^2-y_2^2}=-\dfrac{1}{k}\\[2mm] \dfrac{y_1+y_2}{2}=k\left(\dfrac{y_1^2+y_2^2}{2}-1\right)+1\end{cases}\right\}$$

现对上述集合的特征进一步化简，消去 y_2（或 y_1），得 y_1（或 y_2）的二次方程. 利用这个二次方程有实根，即可求得 k 的范围.

对问题条件的分解，不仅仅是对叙述问题的语句进行分解，更重要的是要深入问题的内部，了解其本质，通过分解，揭示问题的内涵.

例 2.1.6 确定使 $\lim\limits_{x\to 1}\dfrac{ax^2+bx+1}{x-1}=3$ 成立的 a,b 的值.

如果我们仅把问题条件理解为“极限是 3”，则就难以下手. 实际上应将问题条件之内涵分解为“存在极限”和“极限是 3”这样两个层次. 于是：

由“存在极限”可知 $f(x)=ax^2+bx+1$ 中必有因式 $x-1$，故 $f(1)=0$，即 $a+b+1=0$. 因而 $ax^2+bx+1=(x-1)\cdot(ax-1)$，再联合“极限为 3”而知，当 $x\to 1$ 时 $ax-1\to 3$，故 $a=4$，进而知 $b=-5$.

例 2.1.7 已知：$A_1,A_2,\cdots,A_n$ 为凸多边形 $A_1A_2\cdots A_n$ 的内角，且

$$\lg\sin A_1+\lg\sin A_2+\cdots+\lg\sin A_n=0$$

试证：该多边形为矩形.

要对本例之条件作语句上的分解是很容易的，但这并不能揭示其内涵，我们应该在语句分解的基础上继续深入.

(1)因为 $A_i(i=1,2,\cdots,n)$ 是凸多边形的内角，所以有 $0°<A_i<180°$，因此有 $0<\sin A_i\leqslant 1$，进而有 $\lg\sin A_i\leqslant 0$.

(2)由 $\lg\sin A_1+\lg\sin A_2+\cdots+\lg\sin A_n=0$，结合(1)的结论知，只有 $\lg\sin A_i=0$. 所以 $A_i=90°$.

由此并结合凸多边形内角和公式，有

$$n\cdot 90°=(n-2)\cdot 180°,\quad 得\ n=4$$

所以该凸多边形为矩形.

例 2.1.8 求解关于 x 的方程

$$\log_{\left(cx+\frac{d}{x}\right)}x=-1\quad（其中\ c,d,x\in\mathbf{R},c\neq 0）$$

并讨论之.

方程成立的条件可分解为

$$\begin{cases} x>0 & (1) \\ cx+\dfrac{d}{x}>0 & (2) \\ cx+\dfrac{d}{x}\neq 1 & (3) \\ cx+\dfrac{d}{x}=\dfrac{1}{x} & (4) \end{cases}$$

由于条件(2)被包含(1)(4)中,条件(3)与 $x\neq 1$ 等价[根据条件(4)].所以上述条件又可简化为

$$\begin{cases} x>0 \\ x\neq 1 \\ x\left(cx+\dfrac{d}{x}\right)=1 \end{cases}$$

进而解得

$$\begin{cases} x=\sqrt{\dfrac{1-d}{c}} \\ \dfrac{1-d}{c}>0 \\ \dfrac{1-d}{c}\neq 1 \end{cases}$$

于是:①当$\dfrac{1-d}{c}>0$ 且$\dfrac{1-d}{c}\neq 1$ 时,方程有唯一解

$$x=\sqrt{\dfrac{1-d}{c}}$$

②当$\dfrac{1-d}{c}\leqslant 0$ 或$\dfrac{1-d}{c}=1$ 时,方程无解.

3. 问题外延的分解

实际上,外延的分解即相当于逻辑学中的所谓“划分”. 但从化归的角度讲,我们强调分解问题的外延,主要目的是弄清求解问题时应从哪几个方面入手. 在分解之前首先要确定一个恰到好处的区分标准,分解的时候还应注意不重复、不遗漏. 例如,我们在研究三角形的垂心与三角形的相对位置关系时,总是把三角形的外延分解为锐角三角形、直角三角形和钝角三角形三种情况,并逐一进行讨论. 这种分解

的区分标准就是三角形中的最大角与直角的大小关系.而这种分解既是必须的,又是恰到好处的.如果我们再把锐角三角形分解为正三角形与非正三角形,那就无此必要了.再如我们在求解关于 x 的不等式 $ax\geqslant|a|$ 时,如果只分 $a<0$ 与 $a>0$ 两种情况讨论,显然是不完整的,因为遗漏了 $a=0$ 的情况.

例 2.1.9 已知:$a>b>c>0$,α 是方程 $ax^2+bx+c=0$ 的根.求证:$|\alpha|<1$.

如果我们在证明之前不注意分解"一元二次方程根"的外延,就很可能把 α 当作实数去证明,这显然是不符合题意的.正确的方案应该从 α 是实数根与 α 是虚数根两个方面去证:

(1)若 $b^2-4ac\geqslant0$,则 $\alpha=\dfrac{-b\pm\sqrt{b^2-4ac}}{2a}$,那么

$$\begin{aligned}|\alpha|&=\left|\frac{-b\pm\sqrt{b^2-4ac}}{2a}\right|\\&\leqslant\left|-\frac{b}{2a}\right|+\left|\frac{\pm\sqrt{b^2-4ac}}{2a}\right|\\&<\frac{1}{2}\left|\frac{b}{a}\right|+\frac{1}{2}\cdot\left|\frac{\sqrt{b^2}}{a}\right|\\&=\left|\frac{b}{a}\right|<1\end{aligned}$$

(2)若 $b^2-4ac<0$,则 $\alpha=\dfrac{-b\pm\sqrt{4ac-b^2}\,\mathrm{i}}{2a}$,那么

$$\begin{aligned}|\alpha|&=\left|-\frac{b}{2a}\pm\frac{\sqrt{4ac-b^2}}{2a}\mathrm{i}\right|\\&=\sqrt{\left(\frac{-b}{2a}\right)^2+\frac{4ac-b^2}{4a^2}}\\&=\sqrt{\frac{c}{a}}<1\end{aligned}$$

例 2.1.10 要在一平直河岸 l 上建一抽水站 P,供 l 同侧两个居民点 A,B 用水,若 A,B 不同在 l 的一条垂线上,试问,抽水站 P 应选在 l 上的何处,才能使铺设水管的总长最短.

本例初看似乎与下述熟知问题相同,即

"试在定直线 l 上找一点 P,使 P 到 l 同侧两定点 A,B 的距离之

和 $PA+PB$ 最短.”

假如两题确实相同，那么如图 2-7 所示. 我们只要作出点 A 关于 l 的对称点 A'，并联结 A'，B 交 l 于 P，根据平面几何中的定理“两点间的所有连线中以直线段最短”知 P 点便为所求之点.

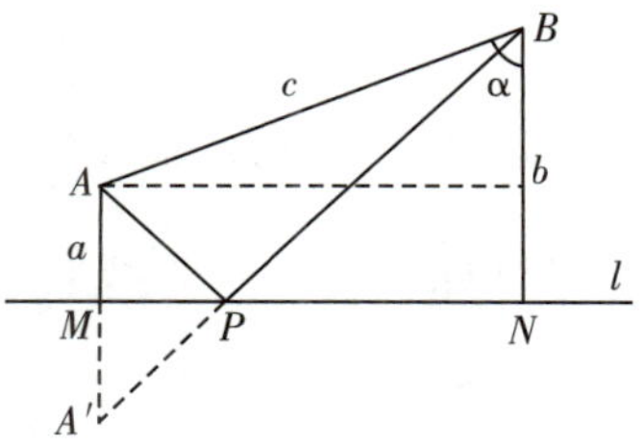

图 2-7

但是，若仔细分析题意，发现两个问题并不完全相同. 因为上述熟知问题中已经明确指出了求 $PA+PB$ 的最小值，而本例却是求使水管总长最短的点（l 上的点）. 我们知道，水管的铺设线路既可沿 $A—P—B$，也可沿 $M—A—B$ 行进，甚至还可沿其他线路铺设，其中是否一定是 $A—P—B$ 线路为最短呢？这可不一定，只需稍加分析，便知抽水站的最佳位置与 A、B、l 三者的相对位置有关. 因此，为求解本题，我们必须先对 A，B，l 的相对位置关系进行分解，并逐项讨论.

先对题中之不变量作如图 2-7 的假设，并设 $b\geqslant a$，且把 $\angle ABN$ 记为 α，显然 $0°<\alpha<90°$.

再仿照上述熟知问题中之分析，作出图中 P 点. 根据实际情况甚易判断，若抽水站不设在 M，N 两点，则必设在 P 点为最佳. 因此为求最佳铺设线路我们只需比较

$$d_1=PA+PB,\quad d_2=MA+AB,\quad d_3=NB+BA$$

之间的大小. 其中之最小者即最佳线路.

(1) 若 $b>a$，则 $0°<\alpha<90°$，$\cos\alpha=\dfrac{b-a}{c}>0$.

$$\begin{aligned}d_1^2&=(PA+PB)^2=A'B^2\\&=c^2+(2a)^2-2c\cdot 2a\cos(180°-\alpha)\\&=c^2+4a^2+4ac\cdot\frac{b-a}{c}=c^2+4ab\end{aligned}$$

$$d_2^2=(a+c)^2=c^2+2ac+a^2$$

$$d_3^2=(b+c)^2=c^2+2bc+b^2$$

因为 $b>a$，所以显然有 $d_3^2>d_2^2$，因而只需比较 d_1^2 与 d_2^2 的大小. 由于

$$d_1^2-d_2^2=-a^2-2ac+4ab$$

为此，我们还需在 $b>a$ 的条件下对 A,B,l 的位置关系作进一步的分解：

①若 $-a^2-2ac+4ab>0$，即 $c<2b-\frac{1}{2}a$ 时，则 $d_1^2>d_2^2$，有 $d_1>d_2$. 所以沿 $M—A—B$ 线路铺设水管最佳.

②若 $c=2b-\frac{1}{2}a$，则有 $d_1=d_2<d_3$，这时 P 点与 M 点都是最佳位置.

③若 $c>2b-\frac{1}{2}a$，则有 $d_1<d_2<d_3$，这时 P 点为最佳位置.

(2)若 $b=a$，则 $\alpha=90°$. 同样可知：

①当 $c>\frac{3}{2}a$ 时，P 处最佳；

②当 $c=\frac{3}{2}a$ 时，M,N,P 都是最佳位置；

③当 $c<\frac{3}{2}a$ 时，M,N 两处最佳.

如果问题的外延比较复杂，我们可以用二分法进行分解. 所谓二分法就是按对象有或没有某一性质来进行分解的方法，它可以把问题的外延一贯地分解成两个互相矛盾的方面，直到不必再分为止.

例 2.1.11 已知四边形 $P_1P_2P_3P_4$ 的四个顶点位于$\triangle ABC$ 的边上. 求证：在这四边形的四个顶点中总可找到这样三个点，以它们为顶点的三角形面积不大于$\triangle ABC$ 面积的四分之一.

我们发现所论问题与这四个点的相对位置有关，为此我们先把四点位置的可能情况进行分解. 不过，我们应设法把分解的过程变得简单一点. 由于四边形的四顶点位于三角形的三边上，因此，根据抽屉原则知至少有两点在同一边上，并且每条边上至多有两点. 所以如图2-8所示，我们可以不失一般性地设 P_2,P_3 在 BC 边上，并设 P_2 在 B 与 P_3 之间.

现在我们用二分法把 P_1,P_4 的位置及四点的相互位置关系分解如下：

(1)P_1,P_4 在同一边上(设同在 AB 上)：

$$\frac{|P_1B|}{|AB|}\leqslant\frac{|P_2B|}{|BC|} \quad ①$$

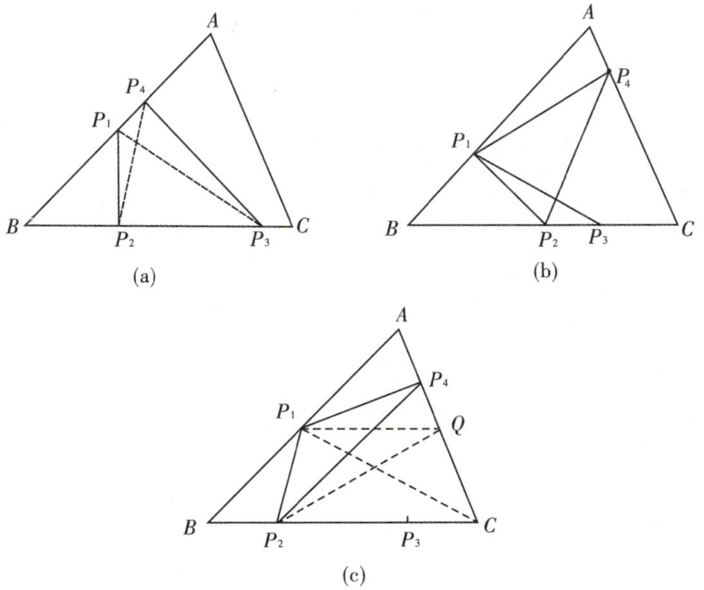

图 2-8

$$\frac{|P_1B|}{|AB|}>\frac{|P_2B|}{|BC|} \qquad ②$$

(2)P_1,P_4 不在同一边上(设 P_1 在 AB 上,P_4 在 AC 上,且 P_4 到 BC 的距离不小于 P_1 到 BC 的距离):

①P_1 到 AC 的距离大于 P_2 到 AC 的距离;

②P_1 到 AC 的距离不大于 P_2 到 AC 的距离.

接着再据此一一加以证明.

(1)若 P_1,P_4 同在 AB 上,如图 2-8(a)所示.

我们知道,这四个点共可构成 $C_4^3=4$ 个三角形的顶点.而按题意,我们只需从中找到一个三角形,其面积不大于$\triangle ABC$ 面积的$\frac{1}{4}$.因此我们没有必要对上述四个三角形的面积一一加以讨论,只需选择其中的较小者证明即可.为此,我们又可不失普遍性地假设 P_4 在 P_1 与 A 之间.这样显然有

$$S_{\triangle P_1P_2P_3}<S_{\triangle P_4P_2P_3},S_{\triangle P_1P_2P_4}<S_{\triangle P_3P_1P_4}$$

因此,我们的工作便只需证明 $S_{\triangle P_1P_2P_3}$ 和 $S_{\triangle P_1P_2P_4}$ 中至少有一个不大于$\frac{1}{4}S_{\triangle ABC}$.即证$\frac{S_{\triangle P_1P_2P_3}}{S_{\triangle ABC}}\leqslant\frac{1}{4}$.

或证
$$\frac{S_{\triangle P_1P_2P_4}}{S_{\triangle ABC}}\leqslant\frac{1}{4}$$

设
$$\frac{BP_1}{BA}=k_1,\frac{BP_2}{BC}=k_2,\frac{BP_3}{BC}=k_3,\frac{BP_4}{BA}=k_4$$
$$(0<k_1<k_4\leqslant1,0<k_2<k_3\leqslant1)$$

则
$$\frac{S_{\triangle P_1P_2P_3}}{S_{\triangle ABC}}=\frac{S_{\triangle BP_1P_3}-S_{\triangle BP_1P_2}}{S_{\triangle ABC}}$$
$$=k_1(k_3-k_2)\leqslant k_1(1-k_2)$$
$$\frac{S_{\triangle P_1P_2P_4}}{S_{\triangle ABC}}=\frac{S_{\triangle BP_2P_4}-S_{\triangle BP_1P_2}}{S_{\triangle ABC}}$$
$$=k_2(k_4-k_1)\leqslant k_2(1-k_1)$$

①若 $k_2\leqslant k_1$，则
$$\frac{S_{\triangle P_1P_2P_4}}{S_{\triangle ABC}}\leqslant k_2(1-k_1)\leqslant k_1(1-k_1)\leqslant\frac{1}{4}$$

②若 $k_2>k_1$，则
$$\frac{S_{\triangle P_1P_2P_3}}{S_{\triangle ABC}}\leqslant k_1(1-k_2)<k_2(1-k_2)\leqslant\frac{1}{4}$$
所以不论哪一种情况，$\triangle P_1P_2P_3$ 和$\triangle P_1P_2P_4$ 中至少有一个的面积不大于$\triangle ABC$ 面积的$\frac{1}{4}$.

(2)若 P_1 在 AB 上，P_4 在 AC 上.

基于(1)中同样的理由，我们仍不失普遍性地假设 P_4 到 BC 的距离不小于 P_1 到 BC 的距离，这样我们同样只需考虑 $S_{\triangle P_1P_2P_3}$ 与 $S_{\triangle P_1P_2P_4}$ 的情况.

①如图 2-8(b)，当 P_1 到 AC 的距离大于 P_2 到 AC 的距离时，显然有$\frac{BP_1}{BA}=k_1<\frac{BP_2}{BC}=k_2$，这与(1)中②的情况相同，结论成立.

②如图 2-8(c)，当 P_1 到 AC 的距离不大于 P_2 到 AC 的距离时，为了便于计算比值$\frac{S_{\triangle P_1P_2P_4}}{S_{\triangle ABC}}$，我们过 P_1 作 $P_1Q/\!/BC$，根据前面的假设知 Q 点必在 P_4 与 C 之间(或 Q 与 P_4 重合). 因而有
$$S_{\triangle P_1P_2P_4}\leqslant S_{\triangle P_1P_2Q}=S_{\triangle P_1QC}$$
所以

$$\frac{S_{\triangle P_1P_2P_4}}{S_{\triangle ABC}}\leqslant\frac{S_{\triangle P_1QC}}{S_{\triangle ABC}}=\frac{S_{\triangle P_1AC}-S_{\triangle P_1AQ}}{S_{\triangle ABC}}$$

$$=\frac{AP_1}{AB}-\left(\frac{AQ}{AC}\right)^2=\frac{AQ}{AC}-\left(\frac{AQ}{AC}\right)^2$$

设$\frac{AQ}{AC}=m$，则

$$\frac{S_{\triangle P_1P_2P_4}}{S_{\triangle ABC}}=m-m^2\leqslant\frac{1}{4}$$

综合(1)和(2)两种情况知命题成立.

由例 2.1.9、例 2.1.10 和例 2.1.11 可以看出，问题的外延被分解后，就得到几个互斥的子问题，而每一个子问题的条件都比原问题有所加强. 如例 2.1.9 中，当 α 被分解为实根和虚根两个部分后，在证明第一个部分时增加了 $b^2-4ac\geqslant0$ 这个条件，在证明第二个部分时增加了 $b^2-4ac<0$ 的条件. 显然，在条件 $b^2-4ac\geqslant0$ 下的子问题与在条件 $b^2-4ac<0$ 下的子问题是互斥的，只有当所有子问题被解决后，原问题才被认为已经获解.

另外，从这三例中我们还发现，每一个子问题的解决过程往往是互不相干的，但还存在着另外的情况，那就是其中的一些子问题可能成为其他子问题的化归方向. 试看下述两例.

例 2.1.12 试证圆周角是同弧所对圆心角之半.

通过问题外延的分解，即知应分三种情况证明：

(1)圆周角的一边恰为直径；

(2)圆周角的两边在某直径同旁；

(3)圆周角的两边在直径的两旁.

大家熟知每一种情况的证明过程，因此不再赘述. 现分析其过程，便不难发现，其中以(1)为最容易证明，而(2)和(3)又都是化归为(1)而获证的.

例 2.1.13 单位正方形周界上任意两点之间连一曲线段. 如果它把这个正方形分成两个面积相等的部分，试证这曲线段的长度不小于 1.

我们把问题中所说的任意两点记为 M,N，曲线段之长记为 d. 用二分法易知，M,N 的位置关系可分为图 2-9 所示的三种情况：

对于图 2-9(a),我们作直线段 MN,并过 N 向 M 所在的边作垂线 NE,垂足为 E,显然有

$$1=NE\leqslant MN\leqslant d$$

对于图 2-9(b),我们联结正方形对边中点 E 和 F 后,即知曲线段必与 EF 相交.否则,该曲线段不能把正方形分成等面积的两部分.设 EF 与曲线段 MN 的一个交点为 P(如图),现作曲线段 PN 关于 EF 的对称图形 PN',因为 PN 与 PN' 的长度相等,所以 N' 必落在 M 点所在边的对边上.而这就是图 2-9(a)的情形,问题也可获证.

对于图 2-9(c),经过对称变换后同样可以化归为图 2-9(a).于是原问题得证.

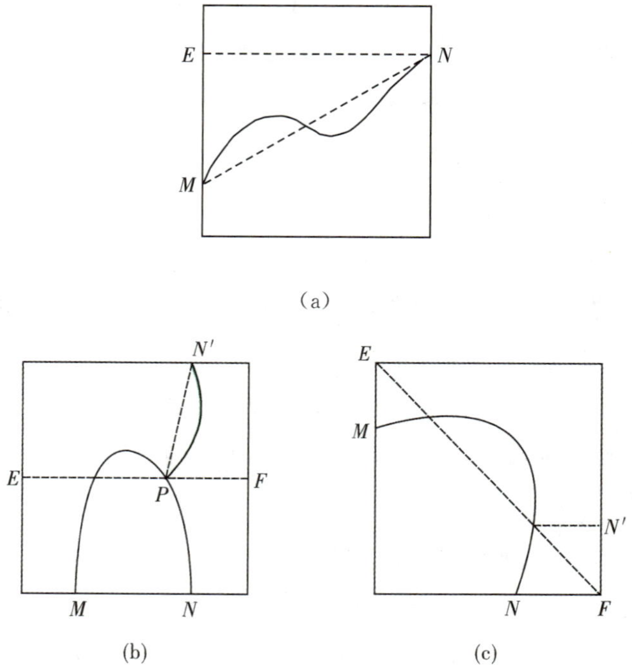

图 2-9

4.对实现目标的过程进行分解

我们把这种分解方式称为台阶式分解.因为通过这种分解,“过程”即被分为几个阶段,每一个阶段都有一个小目标,每个小目标即形成一个台阶,使我们得以沿着这些台阶一步一步地去逼近问题获解的总目标.显然,台阶下层的小目标应比上层的小目标容易实现一些.

例 2.1.14 求解哥德巴赫猜想的发展历程为我们提供了台阶式

分解的典型一例.

哥德巴赫生于哥尼斯堡,卒于莫斯科.他于1729年在莫斯科时开始与欧拉通信,直到1763年.他们常在信中讨论数学问题.有一次,哥德巴赫在给欧拉的信中写道:"我的问题如下:任给一奇数,例如77,它可分解为三个素数之和,即77=53+17+7,再取另一个奇数461,有461=449+7+5,这三个数也是素数……现在我已十分清楚:任意奇数都可分解为三个素数之和.但是,如何证明?……"欧拉给哥德巴赫的复信中指出:你的猜想很可能是正确的,但是我不能给出严格的证明.接着欧拉在此基础上提出了一个新的猜想,这就是现在大家所熟知的哥德巴赫猜想.这个猜想至今既未被推翻,也未被证明.但曾在三个不同的方向上都有所发展.每一个方向上的发展过程都是一个台阶,如图2-10(a)所示.

第一个方向是证明图2-10(a)存在一个自然数k,使得每个大于1的自然数都能用少于或等于k个素数之和表示,此即所谓斯尼雷尔曼(ЩнирелЪмам)定理,然后设法把这个k降到3.

第二个方向是设法证明每个足够大的偶数都可表示为"两个素因子不太多的数之和",若把两个数的素因子的个数记为m和n,则所给问题可简记为$(m+n)$,如图2-10(b)所示.

第三个方向是证明一个足够大的偶数可表示为"1个素数+1个合数",并设法把其中的合数的素因子个数c逐步缩小,如图2-10(c)所示.

例2.1.15 用任意方式给平面内的每一个点染上黑色或白色.求证必存在一个边长为1或$\sqrt{3}$的正三角形,它的三个顶点的颜色相同.

根据题意,我们对所论证的问题可作如下的理解:若平面内不存在边长为1,并且三个顶点颜色相同的正三角形,则必存在边长为$\sqrt{3}$的正三角形,其三顶点颜色相同.反过来也是如此.按照这样的理解,我们容易估计到这两个正三角形的位置必然有某种联系.再注意到$\sqrt{3}$这个数值,它恰是边长为1的正三角形的高的2倍.如此,我们能想

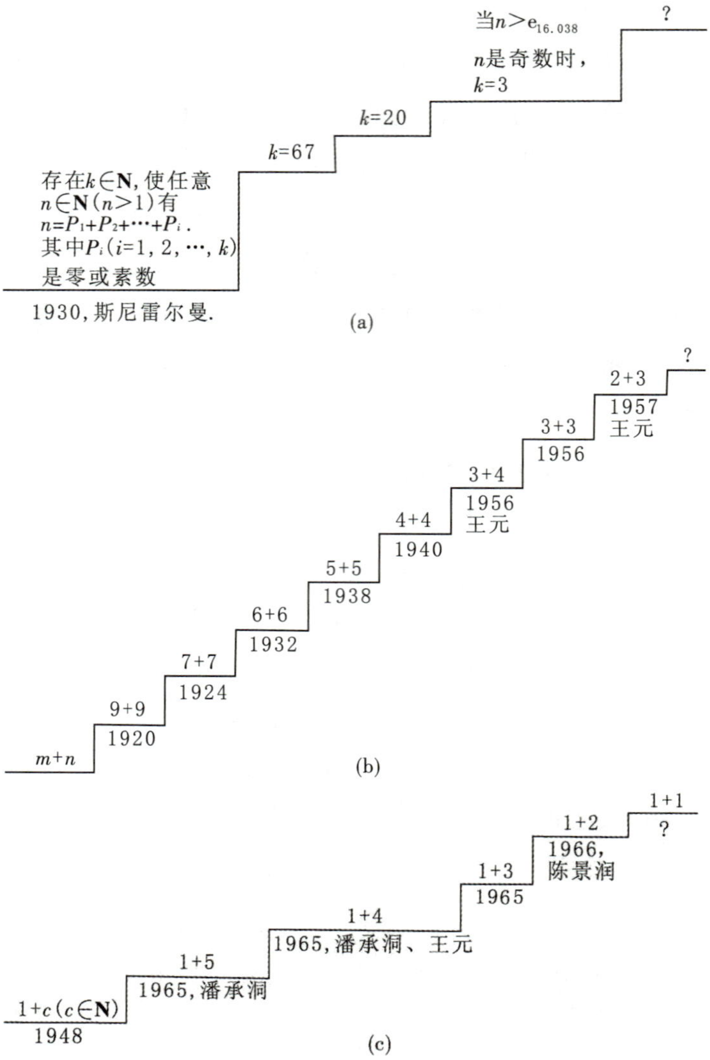

图 2-10

到把边长为 1 与$\sqrt{3}$的正三角形重叠，如图 2-11(a)，进行试验，不难发现，应把实现目标的过程分解成两个台阶：

第一台阶：证明若平面内有两个距离为 2 的异色点，则必存在符合题意的三角形.

第二台阶：证明平面上确实存在着距离为 2 的两个异色点.

如图 2-11(a)所示，第一台阶的证明如下：

设平面内$|AB|=2$，A 点为白色，B 点为黑色，那么 AB 的中点 O 或白或黑，不妨设为白，以 AO 为边($|AO|=1$)作边长为 1 的正三角

形 AOC 和 AOD，C 和 D 中若有一白，则问题解决，若 C，D 皆黑，则 $\triangle BCD$ 即所求，因为 $\triangle BCD$ 之边长为 $\sqrt{3}$.

第二台阶的证明可这样进行：

如图 2-11(b)所示，在平面内任取一个白色点 O'(若平面内无白色点，则原问题之结论显然成立). 以 O' 为圆心，2 为半径作一个圆. 若圆及其内部各点皆白，则圆内存在边长为 1 的正三角形，其各顶点同白，此时原问题获证. 若圆及其内部至少有一点为黑色，我们设这个黑色点为 P，则 $O'P<2$，这样我们就能以 2 为腰长作一个等腰三角形 QPO'. 不论 Q 点是白还是黑，它总能与 P，O' 中的一点异色.

由两个台阶的证明过程，我们确知原问题成立.

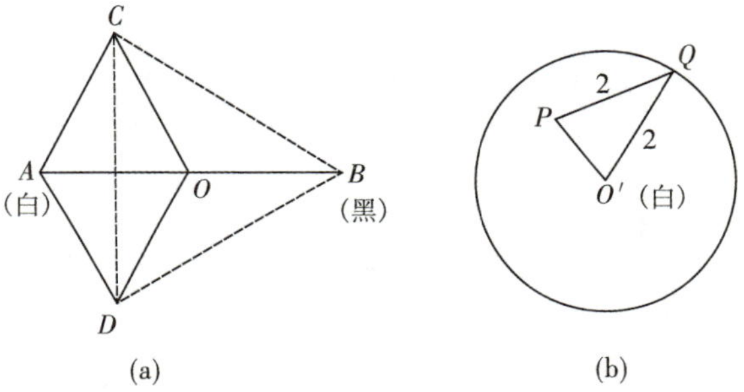

图 2-11

例 2.1.16 若对于一切有理数 x，y，等式

$$f(x+y)=f(x)+f(y)$$

恒成立. 试证明，对任意有理数，等式

$$f(x)=f(1)\cdot x$$

恒成立.

显然，当 x 为正整数时，问题不难解决，因为它可以用数学归纳法证明之. 但若 x 是零或负整数呢？又若 x 是分数呢？问题就复杂了. 不过，我们可以按照先易后难的原则，一步一步地去证明，即先证明等式对一切正整数成立，然后再证明其他情形. 根据这样的思考方式，我们把实现目标的过程，分解为以下几个台阶：

台阶一：x 是正整数.

台阶二：x 是零或负整数.

台阶三：x 是非零整数之倒数.

台阶四：x 是任意分数，即有理数.

我们用数学归纳法证明台阶一：

设 $x=n\in\mathbf{N}$.

(1)$n=1$ 时等式显然成立.

(2)设 $n=k$ 时有 $f(k)=f(1)\cdot k$，则

$$f(k+1)=f(k)+f(1)=f(1)\cdot k+f(1)=(k+1)\cdot f(1)$$

故当 $n=k+1$ 时等式也成立.进一步知，等式对一切自然数成立.

台阶二的证明：

先考虑 $x=0$ 的情形，由于

$$f(0+0)=f(0)+f(0)$$

所以

$$f(0)=0\cdot f(1)$$

故等式成立.

再考虑负整数的情形.

设 $n\in\mathbf{N}$，由于

$$0=f(0)=f(n-n)=f(n)+f(-n)$$

故

$$\begin{aligned}f(-n)&=-f(n)=-1\cdot f(n)=-1\cdot f(1)\cdot n\\&=-n\cdot f(1)\quad\text{（利用台阶一）}\end{aligned}$$

所以等式也成立.

证明台阶三时，我们仍分正整数的倒数与负整数的倒数两种情形处理之.

设 $x=n\in\mathbf{N}$.

(1)因为

$$\begin{aligned}f(1)&=f\Big(\underbrace{\frac{1}{n}+\frac{1}{n}+\cdots+\frac{1}{n}}_{n\text{个}}\Big)\\&=\underbrace{f\Big(\frac{1}{n}\Big)+f\Big(\frac{1}{n}\Big)+\cdots+f\Big(\frac{1}{n}\Big)}_{n\text{个}}\\&=n\cdot f\Big(\frac{1}{n}\Big)\end{aligned}$$

所以
$$f\left(\frac{1}{n}\right)=\frac{1}{n}f(1).$$

(2)因为
$$0=f(0)=f\left(\frac{1}{n}-\frac{1}{n}\right)=f\left(\frac{1}{n}\right)+f\left(-\frac{1}{n}\right)$$

故
$$f\left(-\frac{1}{n}\right)=-f\left(\frac{1}{n}\right)=-\frac{1}{n}f(1)$$

所以,等式对于一切非零整数的倒数均成立.

最后,我们即可向台阶四上的大目标前进了.

设 m 是非负整数,n 是非零整数,那么$\frac{m}{n}$便表示任意有理数. 由于

$$\begin{aligned}f\left(\frac{m}{n}\right)&=f(\underbrace{\frac{1}{n}+\frac{1}{n}+\cdots+\frac{1}{n}}_{m\text{个}})\\&=\underbrace{f\left(\frac{1}{n}\right)+f\left(\frac{1}{n}\right)+\cdots+f\left(\frac{1}{n}\right)}_{m\text{个}}\\&=m\cdot f\left(\frac{1}{n}\right)=m\cdot\frac{1}{n}\cdot f(1)=\frac{m}{n}f(1)\end{aligned}$$

故等式 $f(x)=x\cdot f(1)$对于一切有理数成立.

例 2.1.17　把$\frac{5x^4-3}{(x-1)^7}$化成部分分式.

我们的目标是把原分式分解为几个分子为常数的分式之和. 为此我们设计这样一个方案:把整个过程分成几个台阶,每走上一台阶就把分式拆为两个分式之和,使其中一个分式的分子为常数,而另一个分式的分子次数降低一次,直至分子全部变为常数.

$$\frac{5x^4-3}{(x-1)^7}=\frac{2}{(x-1)^7}+\frac{5x^3+5x^2+5x+5}{(x-1)^6}$$

$$\frac{5x^3+5x^2+5x+5}{(x-1)^6}=\frac{20}{(x-1)^6}+\frac{5x^2+10x+15}{(x-1)^5}$$

$$\frac{5x^2+10x+15}{(x-1)^5}=\frac{30}{(x-1)^5}+\frac{5x+15}{(x-1)^4}$$

$$\frac{5x+15}{(x-1)^4}=\frac{20}{(x-1)^4}+\frac{5}{(x-1)^3}$$

于是

$$\frac{5x^4-3}{(x-1)^7}=\frac{2}{(x-1)^7}+\frac{20}{(x-1)^6}+\frac{30}{(x-1)^5}+\frac{20}{(x-1)^4}+\frac{5}{(x-1)^3}$$

上述过程可用综合除法进行.

2.2 局部变动法

局部变动法是一种特殊而重要的分解方法. 它常被用来实现可变因素较多的问题的化归过程.

局部变动法在科学试验中的应用极为广泛. 例如,在进行某种农作物产量试验时,为了排除干扰,常把影响作物产量的诸因素分解为两类,让其中的一类暂时保持不变(具体的办法是选择几块具有某些相同因素的土地做试验),先研究另外一类可变因素的变化对作物产量的影响. 取得某种经验后,再调换可变因素,继续试验,直到获得良好效果为止.

数学中的局部变动法也是如此,其处理方法是暂时固定问题中的一些可变因素,使之不变,先研究另一些可变因素对求解问题的影响,取得局部的成果后,再从原先保持不变的因素里取出一些继续研究,直到问题全部获解.

例 2.2.1 求证圆的诸内接三角形中以正三角形之面积为最大.

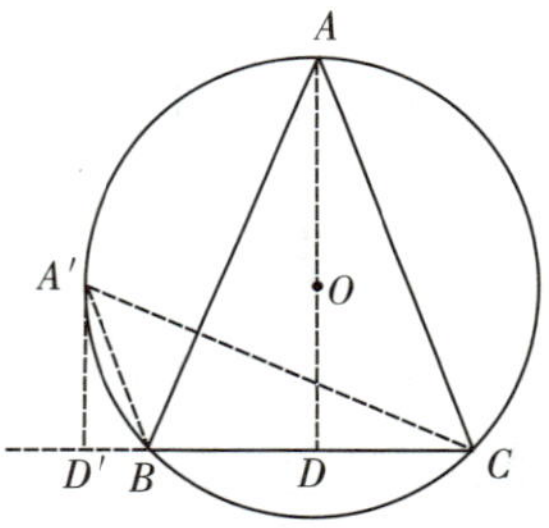

图 2-12

设圆的内接三角形的三个顶点分别为 A, B,C. 由于 A,B,C 三点均可在圆周上任意变动,所以这是一个有多个可变因素的问题. 为了化难为易,我们先把 B,C 暂时保持不动,只让 A 点在圆周上任意变动(如图 2-12),那么 $|BC|$ 就暂时被认为是定值,三角形面积的大小就决定于 A 点到 BC 的距离,即 BC 边上的高 AD.

显然,当高 AD 通过圆心时,其值最大,从而可知,当 $AB=AC$ 时,三角形面积最大.

接着,我们再把 A,C 固定,让 B 点自由变动,同样可得 $AB=BC$ 时三角形面积最大.

根据两次变动的结果可知只有当 $AB=BC=AC$ 时三角形面积最大,即正三角形面积最大.

注意在上述第二次局部变动时,我们并没有要求 A 点必须固定在第一次局部变动的最后位置上(虽然,A 点也可以固定在那儿).重要的是在局部变动中如何取得"经验",即设法找到影响最大值的本质因素,如本例中之"$AB=AC$"显然就是本质因素,而 A 点在第一次变动时的最后位置则不是本质因素.本质因素常常是几次变动中影响结论的共同因素.

用同样的方法,我们还可证明圆的内接 n 边形中,以边长相等者面积最大,即正 n 边形面积最大.

例 2.2.2　设 $0<\alpha<\frac{\pi}{2}, 0<\beta<\frac{\pi}{2}$,求

$$\frac{1}{\cos^2\alpha}+\frac{1}{\sin^2\alpha\cdot\sin^2\beta\cdot\cos^2\beta}$$

的最小值.

本例中有两个变量,即 α 和 β. 我们暂时不考虑 α 的变化情况,只对 β 进行研究:

$$\begin{aligned}\text{原式}&=\frac{1}{\cos^2\alpha}+\frac{1}{\sin^2\alpha\cdot\sin^2\beta\cdot\cos^2\beta}\\&\geqslant\frac{1}{\cos^2\alpha}+\frac{4}{\sin^2\alpha\cdot 1}\end{aligned}$$

(当 $\beta=\frac{\pi}{4}$ 时"="号成立)

再研究 α 对函数值的影响,因为

$$\begin{aligned}\frac{1}{\cos^2\alpha}+\frac{4}{\sin^2\alpha}&=\sec^2\alpha+4\csc^2\alpha\\&=5+\tan^2\alpha+4\cot^2\alpha\\&\geqslant 5+2\sqrt{4}=9\end{aligned}$$

(当 $\alpha=\arctan\sqrt{2}$ 时"="成立)

故原函数之最小值是 9.

例 2.2.3　有 k 个人各拿水桶同时在一个水龙头前打水,设水龙头注满第 $i(i=1,2,\cdots,k)$ 个人的水桶需要 T_i 分钟,并假定这些 T_i 各不相同.应如何安排这 k 个人的次序,才能使这 k 个人打水和等着打水的总时间最少.

如果我们把这 k 个人任意排一个队,使他们依次打水,那么,在得到最佳方案之前,这 k 个人在队伍中的位置都是可以任意变动的.因

此这是一个有多个可变因素的问题.我们采用局部变动法寻求最佳队列.

先考虑其中任意两个人的安排次序.设这两个人打水所用时间分别为 T_i 和 T_j,假定 $T_i<T_j$.那么,队列 i,j 所用的总时间为 $2T_i+T_j$,而队列 j,i 所用的总时间为 $2T_j+T_i$.显然 $2T_i+T_j<2T_j+T_i$.也就是说当只考虑两个人的打水和等着打水的总时间时,以打水时间少的人排在前的队列 i,j 为佳.

现在再从其余 $(k-2)$ 个人中间任意抽出一个人,设第 q 人安插到前面的两人队列中去.由于两个队列的好坏已有定论,所以安插进第 q 人后,没有必要再调换 i,j 的次序(否则肯定不是最好的安排).设 $T_i<T_q<T_j$.在队列 i,j 中安插 q 只有三种方式:

(1) $\boxed{q},i,j$;　(2) $i,\boxed{q},j$;　(3) $i,j,\boxed{q}$.

比较(1)(2)两种队列,由于这两种情形不受 T_j 的影响,根据两人队列的结论,显然队列(2)较好.再比较(2)(3),这两种情形与 T_i 无关,同样可知(2)比(3)好.也就是说,当只考虑三人打水和等着打水时,还是把打水时间少的排前,多的排后好.

如此,我们把余下的人逐个抽出,安插到已经排好的队列中去,便可得到2人队列,3人队列,…,$(k-1)$ 人队列的最佳方案:根据打水时间的多少,依次排队,少者排前,多者排后.

最后,在此基础上我们来安插第 k 个人的位置.

设 $$T_1<T_2<\cdots<T_i<\cdots<T_{k-1}<T_k$$

我们先把第 k 人安插在 $(k-1)$ 人最佳队列中的任意一个空挡:

$$1,2,\cdots,(i-1),\boxed{k},i,\cdots,(k-1)$$

再考虑 k 是否要往前调.由于 k 往不往前调,与第 $i,\cdots,(k-1)$ 人的次序无关,所以只需在 $1,2,\cdots,(i-1),k$,这 i 个人队列中考虑是否为最佳队列.由上面的假设以及已证明过的 i 个人的最佳队列方案知,这已是最佳队列.接着考虑 k 是否要往后调.由于 k 往不往后调与第1,2,…$(i-1)$ 人的次序无关,所以只需考虑队列 $\boxed{k},i,\cdots,(k-1)$ 是否为 $[(k-1)-i+1]+1$ 人的最佳队列.由于 $[(k-1)-i+1]+1\leqslant k-1$,而所有不大于 $(k-1)$ 人的最佳队列已有定论,故知这不是最佳队列，只有把第 k 人调至排尾才是最佳.

由此我们知道，当有 k 个人打水和等着打水时，需按打水时间的多少，遵照少者排前，多者排后的原则，顺次排队，才能使 k 个人花费的总时间为最少.

例 2.2.4 用局部变动法证明平均值不等式：

$$\frac{a_1+a_2+\cdots+a_n}{n}\geqslant\sqrt[n]{a_1\cdot a_2\cdot\cdots\cdot a_n}$$

$$(a_i>0,i=1,2,\cdots,n)$$

我们易证下述命题为真，即“当两个可变正数之和为定值时，则两数之差的绝对值愈小，它们的乘积就愈大”. 如 $1+10=5+6$，而 $1\times10<5\times6$. 事实上，我们只需设 $0<a<b$，并设 $a+b=c+d(c,d>0)|c-d|<|a-b|$，那么，由

$$\begin{cases}(c+d)^2=(a+b)^2\\(c-d)^2<(a-b)^2\end{cases}$$

可方便地推导出 $cd>ab$. 这就证明了上面所说的命题.

现在我们用所说的这个命题，通过局部变动法往证平均不等式.

设 n 个正数

$$a_1,a_2,a_3,\cdots,a_{i-1},a_i,\cdots,a_{n-1},a_n$$

的算术平均值为$\overline{a}$，并设

$$a_1\leqslant a_2\leqslant a_3\leqslant\cdots\leqslant a_i\leqslant\cdots\leqslant a_n$$

如果上述“=”号同时成立，那么命题得证.

如果诸 a_i 不全相等，我们 $a_i,a_{i+1},\cdots,a_n$ 比$\overline{a}$大，其余各数均不比$\overline{a}$大.

第一次变动，把 $a_i,a_{i+1},\cdots,a_{n-1},a_n$ 均降为$\overline{a}$，并把其中多出的差数 $a_n-\overline{a},a_{n-1}-\overline{a},\cdots,a_i-\overline{a}$，分别顺次加到比$\overline{a}$小的数 $a_1,a_2,\cdots$上(若比$\overline{a}$大的数的个数与比$\overline{a}$小的数的个数不等，我们只需按个数少的，实施上述步骤). 这样，我们就得到一个新数列：

$$[a_1+(a_n-\overline{a})],[a_2+(a_{n-}-\overline{a})],\cdots,\underbrace{\overline{a},\overline{a},\cdots,\overline{a}}_{(n-i+1)\text{个}}$$

由于

$$\begin{aligned}&|(a_1+a_n-\overline{a})-\overline{a}|\\=&|(a_n-\overline{a})+(a_1-\overline{a})|<|(a_n-\overline{a})+(\overline{a}-a_1)|\\=&|a_n-a_1|\end{aligned}$$

而
$$(a_1+a_n-\overline{a})+\overline{a}=a_n+a_1$$
所以根据上面所说的命题，有
$$a_1\cdot a_n<(a_1+a_n-\overline{a})\cdot\overline{a}$$
同理有
$$a_2\cdot a_{n-1}<(a_2+a_{n-1}-a\,\overline{a})\cdot\overline{a}$$
$$\cdots$$
所以
$$\begin{aligned}&a_2\cdot a_2\cdot a_3\cdot\cdots\cdot a_n\\&<(a_1+a_n-\overline{a})(a_2+a_{n-1}-\overline{a})\cdot\cdots\cdot\overline{a}^{n-i+1}\end{aligned}$$
这就是说，经过第一次变动，这几个数的和没有变化，而它们的乘积变大了.

接着，我们再把新数列中不等于$\overline{a}$的诸数分成两部分，使其中一部分比$\overline{a}$大，另一部分比$\overline{a}$小，同样将比$\overline{a}$大的数降为$\overline{a}$，把减少时多余出来的差数依次加到比$\overline{a}$小的数上，以缩小它们的差距. 如此重复，最多经过$(n-1)$次变动就可使所有的数都变为$\overline{a}$. 由于每一次变动时，这几个正数之和都没有发生变化，而乘积却逐次增大，所以当所有数均变为$\overline{a}$时，乘积达到最大值：
$$\begin{aligned}&a_1\cdot a_2\cdot\cdots\cdot a_n\\&<(a_1+a_n-\overline{a})(a_2+a_{n-1}-\overline{a})\cdots\overline{a}^{n-i+1}\\&<\cdots<\overline{a}^n\\&=\left(\frac{a_1+a_2+\cdots+a_n}{n}\right)^n\end{aligned}$$

这就说明，当诸 a_i 不全相等时，不等式
$$\sqrt[n]{a_1\cdot a_2\cdot\cdots\cdot a_n}<\frac{a_1+a_2+\cdots+a_n}{n}$$
成立. 而又知，当诸 a_i 全相等时，等式
$$\sqrt[n]{a_1\cdot a_2\cdot\cdots\cdot a_n}=\frac{a_1+a_2+\cdots+a_n}{n}$$
成立. 所以，对于任意正数 $a_i(i=1,2,\cdots,n)$
$$\sqrt[n]{a_1\cdot a_2\cdot\cdots\cdot a_n}\leqslant\frac{a_1+a_2+\cdots+a_n}{n}$$
成立.

我们再用一些具体数值显示上述过程.

设有 5 个正数:5,10,15,20,10 000,它们的算术平均数$\overline{a}=2\ 010$(下面每行左端的罗马数字为变动次数).

	5	10	15	20	10 000
					↓
Ⅰ	(5+7 990)	10	15	20	2 010
	↓				(10 000−7 990)
Ⅱ	2 010	(10+5 985)	15	20	2 010
	(7 995−5 985)	↓			
Ⅲ	2 010	2 010	(15+3 958)	20	2 010
		(5 995−3 985)	↓		
Ⅳ	2 010	2 010	2 010	(20+1 990)	2 010
			(4 000−1 990)	2 010	

显然有

$$
\begin{aligned}
&5\times10\times15\times20\times10\ 000\\
<&(5+7\ 990)\times10\times15\times20\times2\ 010\\
<&2\ 010\times(10+5\ 985)\times15\times20\times2\ 010\\
<&2\ 010\times2\ 010\times(15+3\ 985)\times20\times2\ 010\\
<&2\ 010\times2\ 010\times2\ 010\times(20+1\ 990)\times2\ 010\\
=&2\ 010^5\\
=&\left(\frac{5+10+15+20+10\ 000}{5}\right)^5
\end{aligned}
$$

例 2.2.5　设 A,B,C 是$\triangle ABC$ 的三个内角. 求证:

$$\sin\frac{A}{2}\cdot\sin\frac{B}{2}\cdot\sin\frac{C}{2}\leqslant\frac{1}{8}$$

本例中的 A,B,C 虽然受到条件 $A+B+C=\pi$ 的制约,但是这个制约条件仅仅限制了 A,B,C 的变化范围,而没有确定它们的值. 所以本例仍然是一个有多个可变因素的问题,我们同样可试用局部变动法处理之.

令
$$y=\sin\frac{A}{2}\cdot\sin\frac{B}{2}\cdot\sin\frac{C}{2}$$

我们暂时固定 A,而让 B,C 可以自由变化,于是有

$$
\begin{aligned}
y&=\sin\frac{A}{2}\cdot\frac{1}{2}\left(\cos\frac{B-C}{2}-\cos\frac{B+C}{2}\right)\\
&=\frac{1}{2}\sin\frac{A}{2}\left(\cos\frac{B-C}{2}-\sin\frac{A}{2}\right)
\end{aligned}
$$

显然，B，C 在变化中取相等的值时，$\cos\dfrac{B-C}{2}$取得最大值 1. 因此有

$$y\leqslant\frac{1}{2}\sin\frac{A}{2}\left(1-\sin\frac{A}{2}\right)$$

我们接着考察 A 的变化对 y 的值的影响. 易知当 $\sin\dfrac{A}{2}=\dfrac{1}{2}$，即 $A=60°$时 y 取得最大值$\dfrac{1}{8}$，即有

$$y\leqslant\frac{1}{8}$$

根据两次变动情况可知

$$\sin\frac{A}{2}\cdot\sin\frac{B}{2}\cdot\sin\frac{C}{2}\leqslant\frac{1}{8}$$

（当且仅当 $B=C=A=60°$时“=”号成立）

2.3　补集法

在 2.1 节中我们曾指出，当把问题本身作为被分解的对象进行分解时，有两种分解方式. 其一是把问题分解成几个局部之和，其二是把问题分解成整体与局部之差，即所谓前述形式（Ⅰ）和形式（Ⅱ）. 对于形式（Ⅰ），我们已作过详细的分析讨论. 本节将着重讨论形式（Ⅱ）的意义及其应用. 但在讨论之前，我们先对形式（Ⅱ）中所体现的思想方法用集合的观点解释和比拟如下，即若我们把所说的“整体”理解为全集 Ⅰ，又把“局部”理解为该全集 Ⅰ 的子集 A，那么原问题的结论就是 A 的补集 $\overline{A}$. 当 Ⅰ 与 A 都已为我们所熟悉，或者较为简单而易求时，那么通过 Ⅰ 与 A 去求得 $\overline{A}$ 就成了一条简单而易行的路子. 我们特称这样的分解方法为补集法. 显然，在此意义下，形体分割法（Ⅱ）就成了补集法的一种特殊形式.

从思维形式来说，补集法是一种逆向思维，由于它常在“顺向”思维受阻时发挥作用，因此会给人一种感觉：用补集法给出的解往往是优美而直截了当的.

例 2.3.1　已知：$z_2=z_1\cdot z$，$z_3=z_1\cdot z^2$，其中 $z=\dfrac{\sqrt{3}}{2}(1+\sqrt{3}\mathrm{i})$，$|z_1|=r$. 求复平面内以复数 z_1，z_2，z_3 的对应点为顶点的三角形面积.

我们先在复平面内作出 z_1，z_2，z_3 的对应点 Z_1，Z_2，Z_3 的相对位

置:任给一点 Z_1,并作向量$\overrightarrow{OZ_1}$表示复数 z_1. 由于

$$z=\frac{\sqrt{3}}{2}(1+\sqrt{3}\mathrm{i})=\sqrt{3}(\cos 60^\circ+\mathrm{i}\sin 60^\circ)$$

$$z^2=3(\cos 120^\circ+\mathrm{i}\sin 120^\circ)$$

所以根据

$$z_2=z_1\cdot z=z_1\cdot\sqrt{3}(\cos 60^\circ+\mathrm{i}\sin 60^\circ)$$

我们把$\overrightarrow{OZ_1}$按逆时针方向转 60°,并把其模扩大$\sqrt{3}$倍,就得$\overrightarrow{OZ_2}$. 其中点 Z_2 对应复数 z_2. 再根据 $z_3=z_1\cdot z^2$,用同样的方法可得$\overrightarrow{OZ_3}$,其中点 Z_3(对应复数 Z_3)(图 2-13).

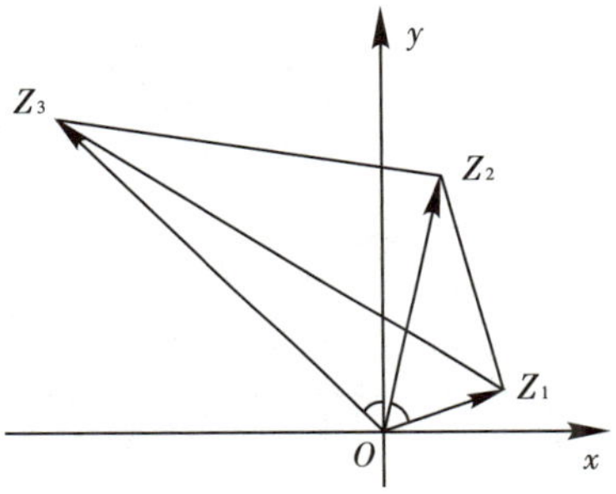

图 2-13

接着,我们来研究如何求$\triangle Z_1Z_2Z_3$ 的面积.

显然,通过研究$\triangle Z_1Z_2Z_3$ 的边角关系去求这三角形的面积是很烦琐的,而利用补集法的思想,把 $S_{\triangle Z_1Z_2Z_3}$ 视为 $S_{四边形OZ_1Z_2Z_3}$ 与 $S_{\triangle OZ_1Z_3}$ 之差,则其求解过程就简单易行了.

由于$|\overrightarrow{OZ_1}|=r$,所以$|\overrightarrow{OZ_2}|=\sqrt{3}r$,$|\overrightarrow{OZ_3}|=3r$. 所以

$$S_{\triangle OZ_1Z_3}=\frac{1}{2}\cdot r\cdot 3r\cdot\sin 120^\circ=\frac{3\sqrt{3}}{4}r^2$$

而

$$\begin{aligned}S_{四边形OZ_1Z_2Z_3}&=S_{\triangle OZ_1Z_2}+S_{\triangle OZ_2Z_3}\\&=\frac{1}{2}\cdot r\cdot\sqrt{3}r\cdot\sin 60^\circ+\frac{1}{2}\cdot\sqrt{3}r\cdot 3r\cdot\sin 60^\circ\\&=3r^2\end{aligned}$$

所以

$$S_{\triangle Z_1Z_2Z_3}=S_{四边形OZ_1Z_2Z_3}-S_{\triangle OZ_1Z_3}$$

$$=3r^2-\frac{3\sqrt{3}}{4}r^2=\frac{3(4-\sqrt{3})}{4}r^2$$

求解本例的关键是给出易于计算的整体Ⅰ和局部 A. 在形体分割中,寻找整体与其局部的方法主要是观察图形结构. 这是在复平面和极坐标系中求平面图形面积的常用方法.

例 2.3.2 如图 2-14 所示,已知半圆直径为 AB,又 $AC\perp AB$,且 $|AC|=\frac{1}{2}|AB|$,$BD\perp AB$. 且 $|BD|=\frac{3}{2}|AB|$,P 为半圆上的动点. 求封闭图形 $ABDPC$ 面积的最大值.

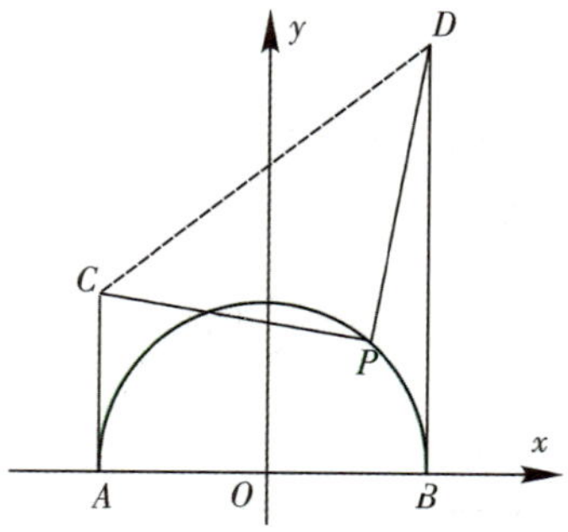

图 2-14

一般来说,求不规则图形面积的常用方法是将它分割成几个规则图形处理. 在本例中似可过 P 点向 AB,BD 分别作垂线,从而将原图形分割成梯形、矩形和三角形,分别计算它们的面积之最大值. 但我们却发现这三个图形的面积之间有复杂的制约关系,事实上,它们也不可能同时取得最大值,因而我们就不能以这三个图形面积最大值和去替代所求面积之最大值.

现在,我们换一种思考方法,试着寻找一个"整体"(全集),再用补集法求原图形面积的最大值.

联结 CD,显然梯形 $ABDC$ 包含原图形,并且其面积是一个定值. 我们把梯形 $ABDC$ 作为整体,那么封闭图形 $ABDPC$ 的面积为

$$S=S_{梯形ABDC}-S_{\triangle CPD}$$

因而欲求 S 的最大值,只需求 $S_{\triangle CPD}$ 的最小值,又只需求 P 点到 CD 距离的最小值(注意,$|CD|$ 是定值). 这样,问题就变得简单多了.

我们将求最小值过程叙述如下:

建立坐标系如图 2-14 所示,设 $|AB|=2R$,则点 $C(-R,R)$,

点 $D(R,3R)$，直线 CD 的方程为

$$x-y+2R=0$$

设点 P 坐标为$(R\cos\theta, R\sin\theta)$（$\theta$ 是参数，$0\leqslant\theta\leqslant\pi$），则点 P 到 CD 的距离为

$$\begin{aligned}d&=\frac{|R\cos\theta-R\sin\theta+2R|}{\sqrt{2}}\\&=\frac{\left|\sqrt{2}\cos\left(\theta+\frac{\pi}{4}\right)+2\right|}{\sqrt{2}}R\\&\geqslant(\sqrt{2}-1)R\end{aligned}$$

（当 $\theta=\frac{3\pi}{4}$时“=”号成立）

所以 P 点到 CD 距离的最小值为$(\sqrt{2}-1)R$，从而知 $S_{\triangle CPD}$ 的最小值为

$$\frac{1}{2}\cdot 2\sqrt{2}R(\sqrt{2}-1)R=(2-\sqrt{2})R^2$$

又梯形 $ABDC$ 的面积为 $4R^2$，所以封闭图形 $ABDPC$ 的最大值为

$$S_{最大}=4R^2-(2-\sqrt{2})R^2=(2+\sqrt{2})R^2$$

例 2.3.3　如图 2-15(a)所示，四面体的四个面都是边长为 a,b,c 的锐角三角形（a,b,c 互不相等），求这个四面体的体积.

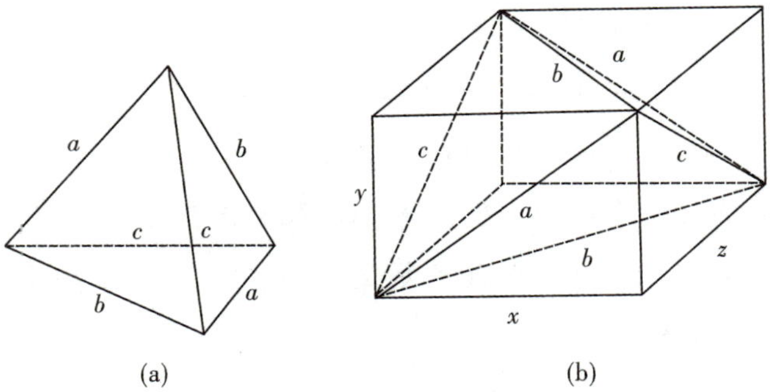

图 2-15

我们同样发现，直接计算这个四面体的体积是很烦琐的. 不妨使用补集法，间接计算其体积. 如上所述，使用补集法的关键是寻找一个“整体”，那么，就本例而言，这个“整体”如何寻找呢？

我们设想把这个四面体置于某个长方体之中，并把这个长方体视

为“整体”.由于所设长方体的棱长可以根据四面体的棱长而进行调节,因而这个设想是可以实现的.

设长方体的长、宽、高分别为 x,y,z[图 2-15(b)],四面体在长方体内的安置情况如图,那么原四面体的体积 V,就等于长方体的体积减去四个以 x,y,z 为侧棱的小三棱锥的体积.即

$$V=xyz-\frac{1}{4}\left(\frac{1}{3}\cdot\frac{1}{2}xyz\right)=\frac{1}{3}xyz$$

其中 x,y,z 可由方程组

$$\begin{cases}x^2+y^2=a^2\\ y^2+z^2=c^2\\ z^2+x^2=b^2\end{cases}$$

求得:

$$\begin{cases}x=\sqrt{\dfrac{a^2+b^2-c^2}{2}}\\ y=\sqrt{\dfrac{b^2+c^2-a^2}{2}}\\ z=\sqrt{\dfrac{c^2+a^2-b^2}{2}}\end{cases}$$

假如说以上三例都没有脱离形体分割的范围的话,那么,在下述数例中,我们将会看到补集法在其他领域中的应用.

例 2.3.4 设 $m,n\in\mathbf{N}$,且 $m>n$.集合

$$A=\{1,2,3,\cdots,m\},B=\{1,2,3,\cdots,n\}$$

又 $C\subseteq A$.求满足 $B\cap C\neq\varnothing$ 的 C 的个数.

显然,直接计算 C 的个数十分烦琐.我们先求满足 $B\cap C=\varnothing$ 的 C 的个数 p,这样在 A 的所有子集的个数 2^m 中减去 p,就是满足 $B\cap C\neq\varnothing$ 的个数了.

由于 A 的子集中只有由自然数 $n+1,n+2,\cdots,m$ 中任取几个数所组成的集合才能满足 $B\cap C=\varnothing$,而这样的集合个数有 2^{m-n} 个,所以满足 $B\cap C\neq\varnothing$ 这个条件的 C 的个数是

$$2^m-2^{m-n}=2^{m-n}(2^n-1)\text{个}$$

例 2.3.5 甲、乙、丙三人向同一目标各射击一次,以 A,B,C 分别记甲、乙、丙击中目标的事件,其发生的概率设为 $P(A)=0.5$,

$P(B)=0.4$，$P(C)=0.6$. 求目标被击中的概率.

由于正面计算 $P(A+B+C)$ 比较复杂，我们改从反面入手，计算三人都未击中目标的概率：

$$\begin{aligned}&P(\overline{A}\cdot\overline{B}\cdot\overline{C})\\&=P(\overline{A})\cdot P(\overline{B})\cdot P(\overline{C})\\&=0.5\times0.6\times0.4=0.12\end{aligned}$$

再根据概率和与积的互补公式，便知

$$P(A+B+C)=1-0.12=0.88$$

我们知道，反证法之所以成为一种演绎推理方法，其主要依据是排中率. 但用集合的观点来看，它也可以理解为补集法的一种具体运用.

例如，我们若把空间所有不重合的直线组成的集合定为全集 I，那么，依据与其中某一直线 l 的位置关系，就可把上述所有直线分为两个互不相交的集合：

$$A=\{\text{与 } l \text{ 共面的所有直线}\}$$

$$B=\{\text{与 } l \text{ 不共面的所有直线}\}$$

显然，$B=\overline{A}$. 如果我们用反证法证明 l 与另一直线 l' 异面，就是证明 $l'\notin A$，则当然就有 $l'\in\overline{A}$ 了.

这里，全集的选取相当重要，它是反证法成立的前提. 试看一个反例.

试证：$\begin{cases}a+b>0\\ab>0\end{cases}$ 是 $\begin{cases}a>0\\b>0\end{cases}$ 的充要条件.

其实，这是一个假命题，然而，我们却可以“证明”它.

必要条件是显然的.

我们用反证法往证充分条件：

反设 $a\leqslant0$ 或 $b\leqslant0$.

(1)若 $\begin{cases}a\leqslant0\\b\leqslant0\end{cases}$，则 $a+b\leqslant0$，这与 $a+b>0$ 矛盾.

(2)若 $\begin{cases}a\leqslant0\\b>0\end{cases}$ 或 $\begin{cases}a>0\\b\leqslant0\end{cases}$，则 $a\cdot b\leqslant0$，这与 $ab>0$ 矛盾.

所以必有

$$\begin{cases}a>0\\b>0\end{cases}$$

那么毛病出在哪里呢？出在全集上.

如果以实数集为全集，那么由于

$$\overline{\{a|a\leqslant 0\}\cup\{b|b\leqslant 0\}}$$
$$=\overline{\{a|a\leqslant 0\}}\cap\overline{\{b|b\leqslant 0\}}$$
$$=\{a|a>0\}\cap\{b|b>0\}$$

命题当然是正确的. 如果以复数集为全集，那么由于非正实数集的补集不再是正实数集，而是正实数集与虚数集的并集，所以即使证明了 $a\nleqslant 0$，也不能断定 $a>0$. 事实上，当 $a=1+\mathrm{i}, b=1-\mathrm{i}$ 时，虽然仍有

$$\begin{cases}a+b=(1+\mathrm{i})+(1-\mathrm{i})=2>0\\ab=(1+\mathrm{i})(1-\mathrm{i})=2>0\end{cases}$$

但 $\begin{cases}a>0\\b>0\end{cases}$，不成立. 所以在复数集内 $\begin{cases}a+b>0\\ab>0\end{cases}$，仅是 $\begin{cases}a>0\\b>0\end{cases}$ 的必要条件，而不是充分条件.

例 2.3.6 解关于 x 的不等式：

$$\sqrt{a(a-x)}>a-2x\quad(a>0)$$

我们可把原不等式转化为两个不等式组

$$(\text{Ⅰ})\begin{cases}a-2x<0\\a(a-x)\geqslant 0\end{cases}$$

$$(\text{Ⅱ})\begin{cases}a-2x\geqslant 0\\a(a-x)\geqslant 0\\a(a-x)>(a-2x)^2\end{cases}$$

求解. 但用补集法求解更为简便.

先求出使不等式两边代数式有意义的范围 $x\leqslant a$. 并把这个范围作为全集. 再解不等式

$$\sqrt{a(a-x)}\leqslant a-2x\tag{1}$$

不等式(1)与原不等式相比较，解法简单，它等价于不等式组

$$\begin{cases}x\leqslant a\\x\leqslant\dfrac{a}{2}\\a(a-x)\leqslant a^2-4ax+4x^2\end{cases}$$

其解为 $x\leqslant 0$.

所以原不等式之解为

$$\overline{\{x \mid x \leqslant 0\}} = 0 < x \leqslant a$$

例 2.3.7　已知

$$f(x) = (m-2)x^2 - 4mx + 2m - 6$$

的图像与 x 轴的两个交点中至少有一个在 x 轴的负半轴上，求实数 m 的范围.

所谓"两个交点中至少有一个在 x 轴的负半轴上"包含两层意思：(1)只有一个交点在负半轴上；(2)两个交点都在负半轴上. 为此，我们欲直接求 m 的范围，必须分两种情况讨论. 显然较繁.

如果用补集法，把能使图像与 x 轴有两个交点的 m 的范围定为全集，把"使交点都不在负半轴上"的 m 的范围定为集合 A，则所求 m 的范围是 $\overline{A}$.

解　由

$$\begin{cases} m-2 \neq 0 \\ (4m)^2 - 4(m-2)(2m-6) > 0 \end{cases}$$

解得

$$m \in I = (-\infty, -6) \cup (1, 2) \cup (2, +\infty)$$

又当两交点都不在 x 轴的负半轴上时(二次三项式有两个非负实根)有

$$\begin{cases} \dfrac{4m}{m-2} > 0 \\ \dfrac{2m-6}{m-2} \geqslant 0 \end{cases}$$

解得

$$m < 0 \text{ 或 } m \geqslant 3$$

所以，当 $m \in A = (-\infty, -6) \cup (3, +\infty)$ 时，图像与 x 轴的两个交点都不在 x 轴的负半轴上. 那么，当

$$m \in \overline{A} = (1, 2) \cup (2, 3)$$

时，图像与 x 轴的负半轴至少有一个交点.

例 2.3.8　由 1,2,3,4,5,6,7 等七个数字全排列组成的数中，2，4,6 三个数字不全连在一起的七位数有多少个？

我们把七个数字的全排列当作全集 I，把其中 2,4,6 全连在一起

的排列设为集合 A，则 $\overline{A}$ 的元素个数就为 2，4，6 三个数不全连在一起的七位数的个数.

因为　　　　于 $n(I)=P_7^7, n(A)=P_5^5\cdot P_3^3$

所以　　　　$n(\overline{A})=P_7^7-P_5^5\cdot P_3^3$

在计算有限集基数的方法中，有一个被称为容斥原理的计算公式. 这个公式也是补集思想的具体运用.

设 I 为我们所考虑的对象的全集(有限集)，其基数为 m. 又 $A_i(i=1,2,\cdots,n)$ 为 I 的真子集，并且诸 $A_i(i=1,2,\cdots,n)$ 中，任意几个的交不完全是空集. 现在我们要计算不属于所有 A_i 的元素个数.

显然，我们所要求的就是集 $\overline{A_1\cup A_2\cup\cdots\cup A_n}$ 的基数.

设 $N(A_i)$ 表示 $A_i(i=1,2,\cdots,n)$ 的基数，那么由图 2-16 可知：所求元素个数

$$\begin{aligned}n&=m-N(A_1\cup A_2\cdots\cup A_n)\\&=m-[N(A_1)+\cdots+N(A_n)-N(A_1\cap A_2)-\\&\quad N(A_1\cap A_3)-\cdots-N(A_1\cap A_n)-N(A_2\cap A_3)-\cdots-\\&\quad N(A_{n-1}\cap A_n)+N(A_1\cap A_2\cap A_3)+\cdots+\\&\quad N(A_{n-2}\cap A_{n-1}\cap A_n)-\cdots+\\&\quad (-1)^{n-1}N(A_1\cap A_2\cap\cdots\cap A_n)]\end{aligned}$$

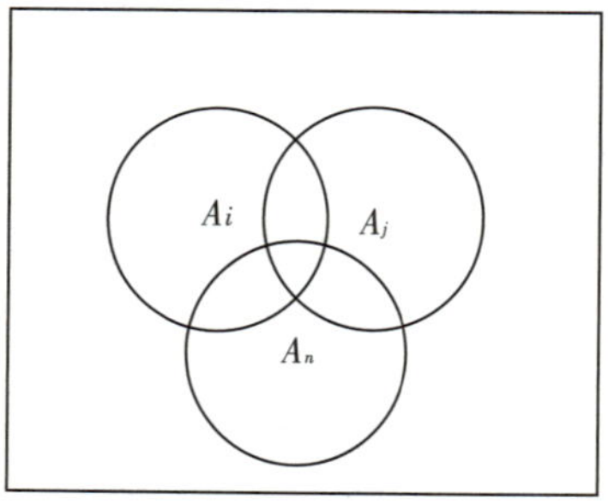

图 2-16

三　关系映射反演原则

3.1　关系映射反演原则的意义和一般模式

关系(relationship)映射(mapping)反演(inversion)原则是一种普遍的工作原则,通常简称为 RMI 原则.它属于一般科学方法论的范畴.其实际应用可渗透到现实生活、社会科学和自然科学的各个领域.我国数学家徐利治教授首先从数学方法论的角度对这一原则进行了专门的研究.他最初是由于研究级数反演理论而提出这一原则的.但是这个原则的内涵极为丰富,它可以概括中学数学的许多方法和技巧,或者说散见于中学数学教学中的许多重要方法和技巧都能在 RMI 原则下得到统一.例如,函数法、解析法、向量法、构造法、参数法、换元法、待定系数法等,都可被理解为 RMI 原则的运用.

为了弄清楚关系映射反演原则是怎么一回事,我们先引用文献[1]中提到的一个现实生活中的例子:当一个人刮胡子时,为了处理好刀与胡子的关系,常借助镜子,使刀与胡子以及它们的关系映射到镜子中,然后在镜子中调节刀的映象与胡子的映象的关系.当这个人处理好了这两个映象之间的关系后,根据生活经验,就可确知实际的刀与胡子的关系也就处理好.这一过程可由图 3-1 表示.

如果把图 3-1 框图中的内容换成如图 3-2 所示的数学对象与数学关系等,那就构成了数学方法论中的 RMI 原则之框图模式.

我们用 α 表示数学对象,$*$ 表示数学关系,x 表示未知目标(它可以是数学对象,也可以是数学关系),用 α',$*'$,x'分别表示相应的映象.用 f 表示可定映映射,用 ϕ 表示反演,那么,作为数学方法的 RMI 原则便可简洁地表示为图 3-3.

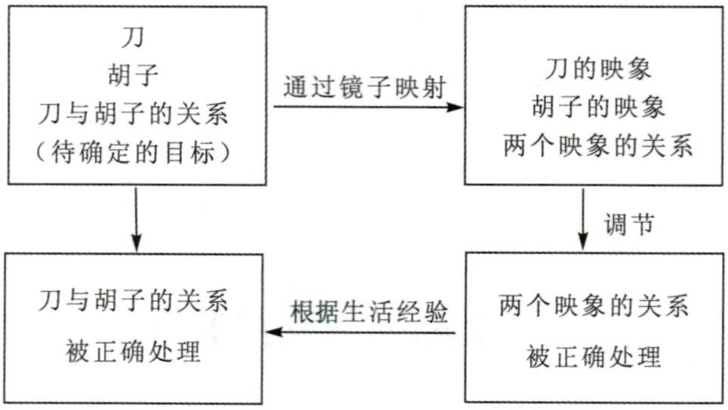

图 3-1

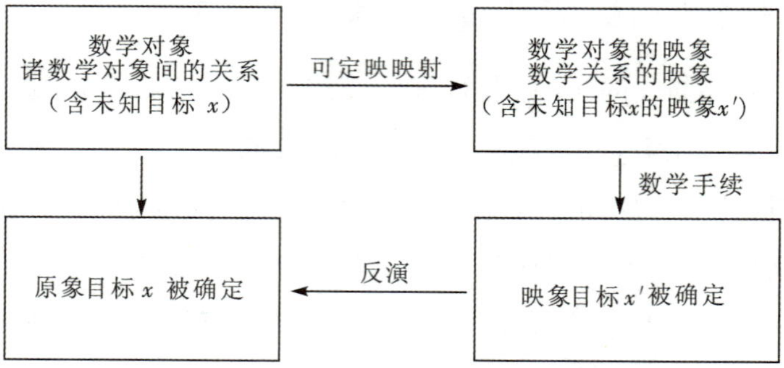

图 3-2

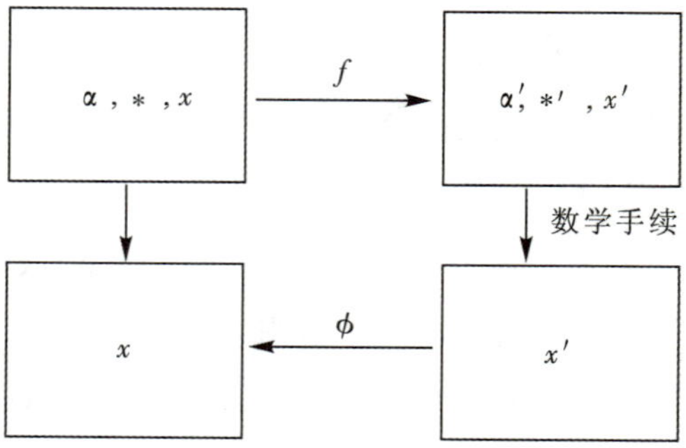

图 3-3

我们知道，一道数学题或一个数学理论，都是由一些已知的数学对象、已知的数学关系和未知的（待定的）数学对象与关系组成的，我们把由这些对象与关系组成的集合称为关系结构系统. 显然，上面框图中 $A=\{\alpha, *, x\}$，$A'=\{\alpha', *', x'\}$，都是一个关系结构系统. 如果我们能在 A 与 A' 之间建立起某种确定的对应关系，使 A 中的 α，$*$，x 在 A' 中有唯一的元素与之对应，那么，这种对应就称为 $A \to A'$ 的一个映射，并称 A 为原象关系结构系统，A' 为映象关系结构系统[这里我

们把 A 或 A' 中所有的已知数学对象的集合作为一个元素，所有已知数学关系的集合作为另一个元素，所有未知的(待定的)数学对象或关系的集合也作为一个元素]. 映射的作用是使我们能把 A 转化为 A'. 又若我们能够通过数学手续在 A' 中把映象目标 x' 确定下来(相应的 x 称为原象目标)，那么这样的映射便称为可定映映射.

框图中所说的“反演”同样是指一种对应，它可以是原映射的逆映射，也可以是其他对应关系，但必须满足“x 可以被 x' 确定”这个条件.

关系映射反演原则告诉我们这样一个事实：如果在原象关系结构系统 A 中不易确定原象目标 x，我们可以通过适当的可定映映射，将 A 转化为 A'，并在 A' 中确定映象目标，再通过反演确定 x.

例 3.1.1 求 $x=7^{\frac{1}{3}}\cdot 3^{\frac{1}{7}}$.

显然，仅仅利用原题给出的关系结构是很难确定 x 之值的. 为此，我们通过如下的映射 f 与反演 ϕ 间接地求取 x 的值：

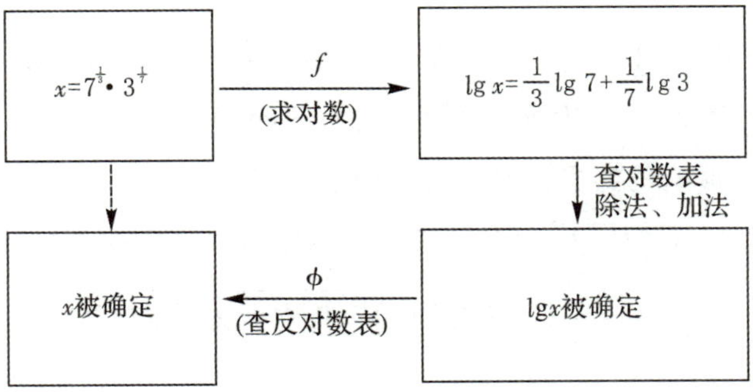

图 3-4

当然，映射与反演的过程并不总是这样简单，更多的情况需要通过多次映射与反演，才能在原象关系结构系统中确定原象目标 x.

例 3.1.2 已知动点从直角坐标系原点出发，沿 x 轴正向移动 a $(a>0)$后，转过 90°，向上移动 $ar(0<r<1)$，接着再转过 90°，向左移动第 2 次移动距离的 r 倍……如此，每次移动前一次移动距离的 r 倍后，再按逆时针方向转过 90°，再移动，并无限地进行下去. 如图 3-5 所示，试求这个动点的极限位置.

事实上，我们在问题给出的关系结构系统 A 中很难直接求得动点的极限位置. 在此情况下，一个可行的办法是运用 RMI 原则，设法把 A 映射为 A'，并且希望此种映射是可定映的，把 A 映射为 A' 的方

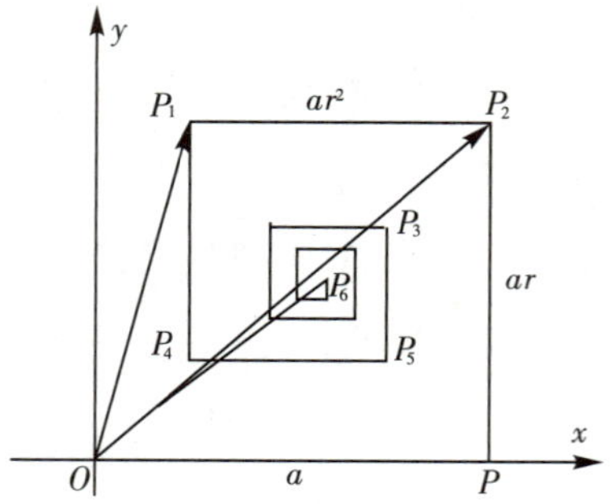

图 3-5

法甚多.下面介绍的是较简的一种.

f:过原点向每一个转折点作向量$\overrightarrow{OP_1}$,$\overrightarrow{OP_2}$,…,$\overrightarrow{OP_i}$,…,$\overrightarrow{OP_n}$,….这样 A 中的原象目标:动点的极限位置 x,便被映射为 A' 中的$\overrightarrow{OP_n}$,当 $n\to\infty$时的极限位置 x'.而 A 中动点各次移动之间的关系 $*$ 被映射为关系 $*'$:

$$\overrightarrow{OP_n}=\overrightarrow{OP_1}+\overrightarrow{P_1P_2}+\overrightarrow{P_2P_3}+\cdots+\overrightarrow{P_{n-1}P_n}$$

我们希望在 A' 中用关系 $*'$确定 x'.然而,还有困难,于是再次运用 RMI 原则把 A'映射为 A''.映射方法如下:

f':把原先的实平面换成复平面.

在 f'下 A'中$\overrightarrow{P_1P_2}$,$\overrightarrow{P_2P_3}$,$\overrightarrow{P_3P_4}$,…之间的关系被映射为

$$\overrightarrow{P_2P_3}=\overrightarrow{P_1P_2}\cdot r\mathrm{i},\quad \overrightarrow{P_3P_4}=\overrightarrow{P_2P_3}\cdot r\mathrm{i},\cdots$$

并且

$$\begin{aligned}\overrightarrow{OP_n}&=\overrightarrow{OP_1}+\overrightarrow{P_1P_2}+\cdots+\overrightarrow{P_{n-1}P_n}\\&=a+a\cdot r\mathrm{i}+a(r\mathrm{i})^2+\cdots+a(r\mathrm{i})^{n-1}\\&=(a-ar^2+ar^4-ar^6+\cdots)+\\&\quad(ar-ar^3+ar^5-\cdots)\mathrm{i}\end{aligned}$$

在 A''中我们可用无穷递缩等比数列之和确定$\overrightarrow{OP_n}$的映象,即当 $n\to\infty$时,

$$\overrightarrow{OP_n}=\frac{a}{1+r^2}+\frac{ar}{1+r^2}\mathrm{i}\tag{1}$$

式(1)同时又是一个由 A''返回 A'的反演.这样,我们就确定了 $n\to\infty$时$\overrightarrow{OP_n}$的极限位置.接着再把复平面反演为实平面,便确定了原象关系结构系统中动点的极限位置$\left(\frac{a}{1+r^2},\frac{ar}{1+r^2}\right)$.

上述过程可用框图 3-6 示意.

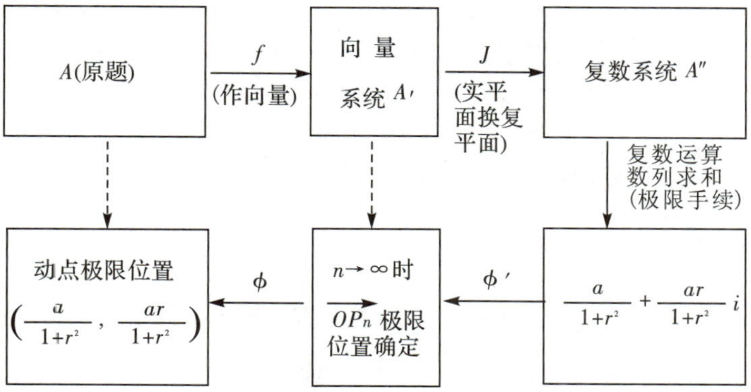

图 3-6

“数学上的 RMI 原则是十分有用的，小而言之，可以利用该原则解决个别的数学问题，大而言之，甚至可以利用该原则去作出数学上的重要贡献. 一般来说，如果能对一些十分重要的关系结构，巧妙地引进非常有用且具有能行性反演的可定映映射，就能作出较重要的贡献”. 在本章中，我们仅讨论 RMI 原则在中学数学教学中的种种应用.

3.2 中学数学中的关系映射反演原则

在本节中，我们通过举例说明关系映射反演原则在中学数学中的具体运用. 由 3.1 节的两个例题，我们知道，在运用 RMI 原则时，重要的是映射与反演，并且二者缺一不可. 所谓“适当”的映射不仅应该是可定映的，而且应该是能反演的，即能由 x' 确定 x 的. 所以我们在介绍这个原则的运用时，着重介绍中学数学中常用的映射反演方法与工具.

1. 函数法

中学数学中的许多问题都可统一在函数概念中. 自从微积分初步下放到中学后，处理初等函数的方法就形成了一个初步的体系，也就是说在有关初等函数的关系结构系统中，我们有了一整套确定未知目标的方法，或者说，在这个系统中容易定映，并且一般情形下通过反函数或函数性质的处理，反演也是能行的. 所以，把一个关系结构系统映射为有关函数的关系结构系统，就成了处理中学数学问题的一个重要手段. 我们把这种映射反演法称为函数法.

其映射反演过程可用框图 3-7 示意：

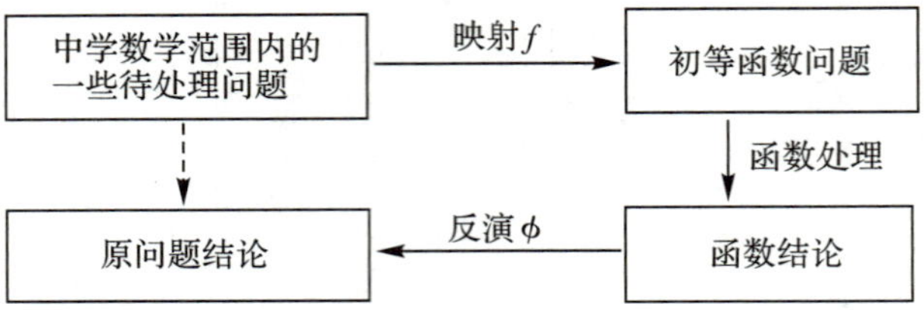

图 3-7

例 3.2.1 如图 3-8 所示，在平面直角坐标系中，在 y 轴的正半轴上给定两点 A 和 B，试在 x 轴的正半轴上求点 C，使 $\angle ACB$ 取得最大值.

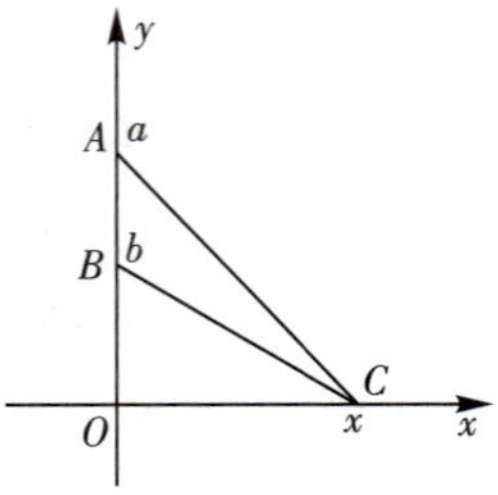

图 3-8

我们用 RMI 原则来处理这个问题.

第一步，先把原象关系结构系统及目标原象弄清楚，并给出数学表达式.

设 $C(x,0)$，$A(0,a)$，$B(0,b)$，$x,a,b\in\mathbf{R}_+$，并不失普遍性，可设 $a>b$. 则

$$\begin{aligned}\angle ACB&=\angle ACO-\angle BCO\\&=\arctan\frac{a}{x}-\arctan\frac{b}{x}\end{aligned}$$

第二步，用两边取正切的办法，把原象关系结构系统映射为有关正切函数的关系结构系统. 同时考虑反演的能行性：由于正切函数在区间 $\left(0,\frac{\pi}{2}\right)$ 内是增函数，所以正切的最大值能反演为 $\angle ACB$ 的最大值.

$$\tan\angle ACB=\frac{\frac{a}{x}-\frac{b}{x}}{1+\frac{a}{x}\cdot\frac{b}{x}}$$

第三步，在映象关系结构系统内运用函数处理方法，确定映象目标：$\tan\angle ACB$ 的最大值所对应的 x 的值.

$$\frac{\frac{a}{x}-\frac{b}{x}}{1+\frac{a}{x}\cdot\frac{b}{x}}=\frac{a-b}{x+\frac{ab}{x}}\leqslant\frac{a-b}{2\sqrt{x\cdot\frac{ab}{x}}}=\frac{a-b}{2\sqrt{ab}}$$

当且仅当 $x=\frac{ab}{x}$，即 $x=\sqrt{ab}$ 时“=”号成立.

第四步，利用正切函数在区间 $\left(0,\frac{\pi}{2}\right)$ 内单调递增的性质反演，确知点 $C(\sqrt{ab},0)$ 是所求的使得 $\angle ACB$ 为最大的点.

整个过程可用框图示意如图 3-9 所示.

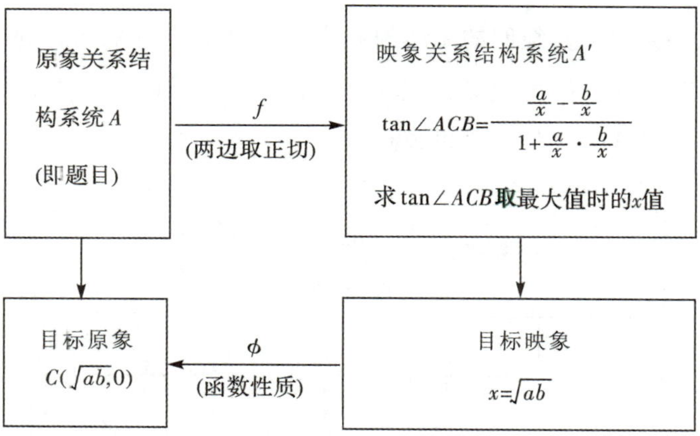

图 3-9

例 3.2.2　已知 $a,b\in\mathbf{R}_+$ 且 $e<a<b(e=2.71\cdots)$，求证 $a^b>b^a$.

直接证明这个不等式是有困难的，我们采用 RMI 原则处理.

第一次映射 f：两边取自然对数，于是有

$$A: a^b>b^a>0 \xrightarrow{f} A': b\ln a>a\ln b\text{，即}\frac{\ln a}{a}>\frac{\ln b}{b} \qquad (1)$$

在(1)中 A' 还是不易证明，然而我们发现 A' 的左右两边的结构相同，它们分别可被理解为函数 $f(x)=\frac{\ln x}{x}$ 中的 $f(a)$ 与 $f(b)$. 于是我们用构造函数的方法进行第二次映射 f'：

$$A'\xrightarrow{f'}A'': f(x)=\frac{\ln x}{x}(x>e)$$

A'' 中的映象目标为证明 $f(x)$ 是减函数. 在 A'' 中，我们施行如下的数

学处理方式：

$$f'(x)=\left(\frac{\ln x}{x}\right)'=\frac{1-\ln x}{x^2}<0$$

（因为 $x>\mathrm{e}$，故 $\ln x>1$）

这样，就在 A'' 中确定了映象目标：$f(x)$ 是减函数. 又，如下的反演显然是能行的：

$$\begin{cases} f(x)\text{是减函数} \\ a<b \end{cases} \xrightarrow{\Phi'} \frac{\ln a}{a}>\frac{\ln b}{b}$$

$$\xrightarrow{\Phi} a^b>b^a$$

这就证明了结论.

例 3.2.3 求两条异面直线间的距离.

求两条异面直线间的距离的方法很多，其中的一种方法是把原问题映射为有关函数的关系结构系统，如图 3-10 所示（其中 D 表示连接二异面直线的点的线段之长）.

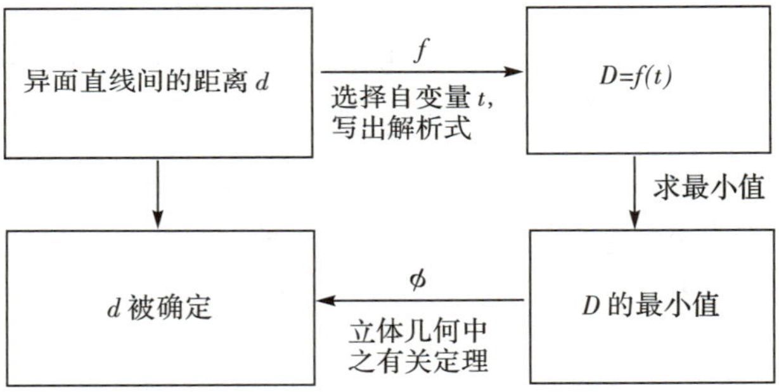

图 3-10

函数映射法的最大优点是能使我们用变量研究常量，用运动的观点来考察研究对象，也就是说，能使我们用函数性质和图像来研究所给问题的关系结构，以及寻找化归的途径. 类似的例题可参考例 1.4.4、例 1.4.5 和例 1.4.6.

2. 坐标法

中学数学中的坐标系仅指平面直角坐标系和极坐标系. 坐标系的确立是中学数学的一个转折点，从此初等数学便由孤立地研究数和形，进入数形结合阶段，并且在下面两个相反的方向上得到具体运用：一方面，据此可把几何问题映射为代数问题，通过代数结论去获得几

何结论；另一方面，又可把代数问题映射为几何问题，通过几何结论去获得代数结论. 即

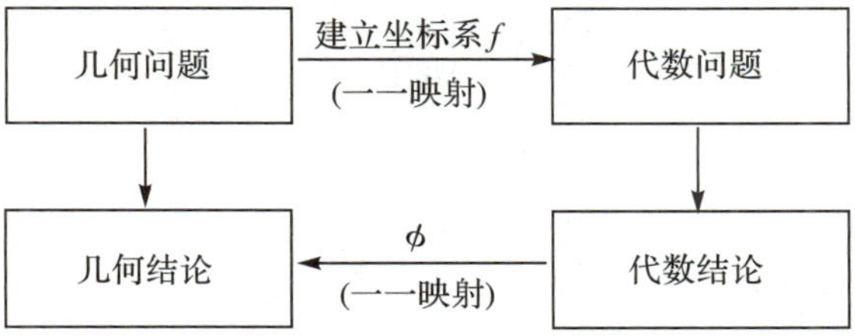

图 3-11

假如把图 3-11 中的几何问题与几何结论，分别和代数问题与代数结论对应地互易其位，那么这个框图就成了把代数问题映射为几何问题的模式.

当然，作为一种化归方法，上述两种映射，均应以映象关系结构系统较易定映为前提. 同时，又由于它们都必须借助坐标系这个工具，所以我们把这两种映射反演方法都称为坐标法.

例 3.2.4　如图 3-12 所示，已知半圆 O 的直径为 AB，l 为位于半圆之外，而又垂直于 BA 延长线的一直线，其垂足为 T，且 $|AT|<\frac{1}{4}|AB|$，又 M，N 是半圆上的不同的两点，$NQ\perp l$，$MP\perp l$，且

$$\frac{|MP|}{|MA|}=\frac{|NQ|}{|NA|}=1$$

求证：$|AM|+|AN|=|AB|$.

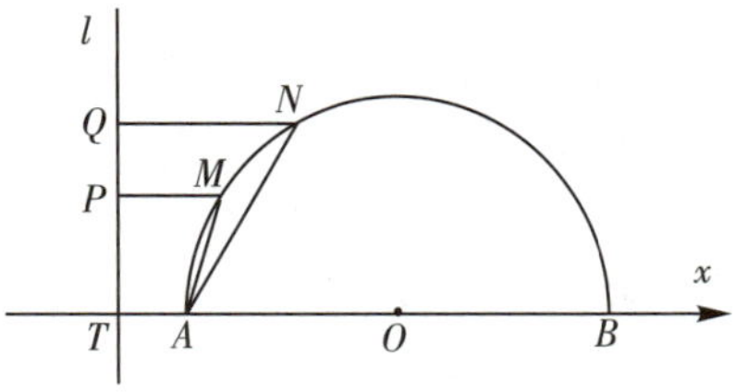

图 3-12

如果限于平面几何的方法证明本例，则较困难. 但若使用 RMI 原则将此几何问题映射为代数问题，运用代数变换方法先寻求代数结论，再反演为几何结论，则就方便多了. 为此，先建立坐标系：

以 A 为极点，射线 AB 为极轴，建立极坐标系(图 3-12).

设　　$|AB|=2R，|AT|=a\left(a<\frac{R}{2}\right)$

则半圆方程为

$$\rho=2R\cos\theta\left(0\leqslant\theta\leqslant\frac{\pi}{2}\right)$$

设 $M(\rho_1,\theta_1)$，$N(\rho_2,\theta_2)$，则 $|AM|=\rho_1$，$|AN|=\rho_2$，且

$$\rho_1=2R\cos\theta_1 \tag{1}$$

$$\rho_2=2R\cos\theta_2 \tag{2}$$

又由图 3-12 知

$$|MP|=\rho_1\cos\theta_1+a,\ |NQ|=\rho_2\cos\theta_2+a$$

而 $\dfrac{|MP|}{|MA|}=1$，即

$$|MP|=|MA|$$

所以 $$\rho_1\cos\theta_1+a=\rho_1 \tag{3}$$

同理 $$\rho_2\cos\theta_2+a=\rho_2 \tag{4}$$

由(1)和(3)得 $$\rho_1^2-2R\rho_1+2Ra=0$$

由(2)和(4)得 $$\rho_2^2-2R\rho_2+2Ra=0$$

上面两式说明 ρ_1,ρ_2 是方程

$$\rho^2-2R\rho+2Ra=0$$

的两根. 所以按韦达定理有 $\rho_1+\rho_2=2R$，故

$$|AM|+|AN|=|AB|$$

这题的另一种证法是，根据已知条件

$$\frac{|MP|}{|MA|}=\frac{|NQ|}{|NA|}=1$$

及抛物线的定义，可知 M,N 两点是以 A 为焦点，l 为准线的抛物线上的两点. 而抛物线方程为

$$\rho=\frac{a}{1-\cos\theta}$$

再把抛物线方程与半圆方程联立，同样可证得 $\rho_1+\rho_2=2R$.

例 3.2.5 已知 $a,x\in\mathbf{R}$，解关于 x 的不等式

$$|x+a|+|x|<2$$

如果用分区间讨论的方法去掉绝对值符号再解不等式，则过程相当繁杂. 现在我们借助坐标系，把代数问题映射为几何问题，通过几何结论去获得代数结论.

将原不等式 $|x+a|+|x|<2$ 变形为

$$|x+a|<2-|x|$$

令 $y_1=|x+a|$，$y_2=2-|x|$，则原不等式相当于

$$y_1<y_2$$

在同一坐标系中作这两个函数的图像(图 3-13).

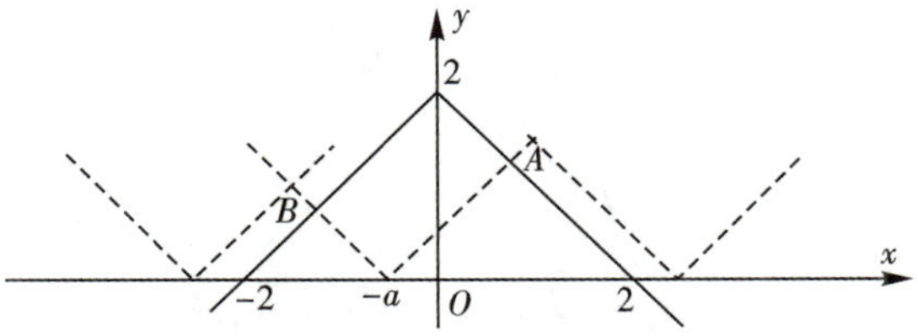

图 3-13

(1) $y_1=|x+a|$ 的图像(虚线部分)是以 $(-a,0)$ 为端点，斜率为 ±1 的两组平行射线 $(y_1\geqslant0)$；

(2) $y_2=2-|x|$ 的图像是以 $(0,2)$ 为端点，斜率为 ±1 的两条射线 $(y_2\leqslant2)$.

这样，原不等式所反映的数量关系就被映射为几何图形中点的位置关系，而原来所求能使 $y_1<y_2$ 的 x 的范围，则被映射为能使图像(1)上的点“低于”图像(2)上的对应点(两个对应点具有相同的横坐标)的横坐标的取值范围.

由图 3-13 可知：

当 $-a\leqslant-2$ 或 $-a\geqslant2$，即 $a\leqslant-2$ 或 $a\geqslant2$ 时，对于具有相同横坐标的点，图像(1)恒在图像(2)的上方. 即总有

$$y_1\geqslant y_2$$

这时原不等式无解.

而当 $-2<a<2$ 时，我们先求得两个图像交点的坐标：

$$A\left(\frac{2-a}{2},\frac{2+a}{2}\right),B\left(-\frac{a+2}{2},\frac{2-a}{2}\right)$$

同样由图 3-13 知，当

$$-\frac{a+2}{2}<x<\frac{2-a}{2}$$

时，图像(1)上的点“低于”图像(2)上的点，即 $y_1<y_2$.

所以，当 $-2<a<2$ 时，不等式的解为

$$-\frac{a+2}{2}<x<\frac{2-a}{2}$$

3. 复数法与向量法

在中学数学中，向量的概念是作为复数的一个几何意义提出来的，并且通过复平面，使复数、复平面上的点和复平面内以原点为起点的向量，三者之间建立了一一对应的关系. 即如图 3-14 所示：

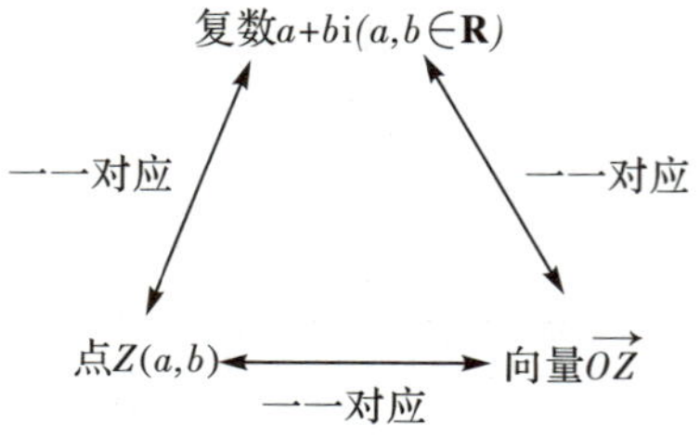

图 3-14

所谓复数法或向量法，是指把一个问题映射为有关复数的或者向量的关系结构系统，并据此定映和反演的数学方法. 其中包含复数、向量和点的轨迹这三个关系结构系统的相互映射、反演. 其过程有如下两种形式：

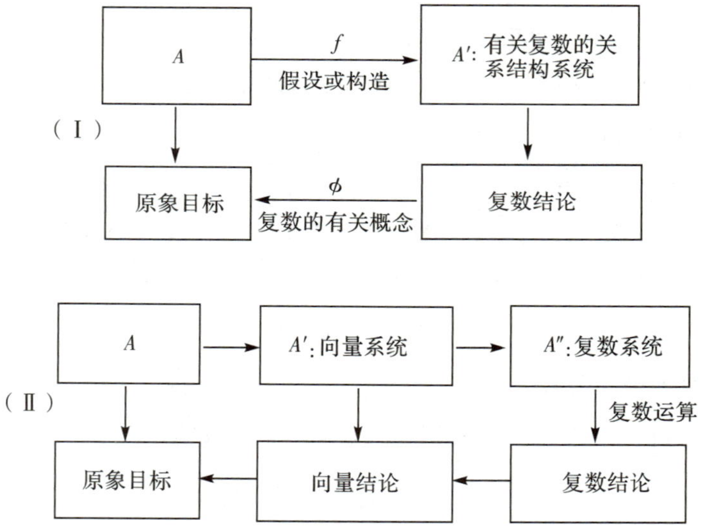

图 3-15

例 3.2.6 求证：

$$\sin(4\arcsin x)=4x\sqrt{1-x^2}(1-2x^2)\quad(|x|\leqslant 1)$$

我们利用反正弦的定义把等式左边改变一下形式.

设 $$\arcsin x=\alpha\left(-\frac{\pi}{2}\leqslant\alpha\leqslant\frac{\pi}{2}\right)$$

则 $$x=\sin\alpha$$

于是，原等式即

$$\sin 4\alpha=4\sin\alpha\cdot\sqrt{1-\sin^2\alpha}\cdot(1-2\sin^2\alpha)$$

联想到对复数 $z=\cos\alpha+\mathrm{i}\sin\alpha$ 运用棣莫弗(Abraham de Moivre，1667—1754)定理求 z^4 时，等式中出现过 $\sin 4\alpha$ 的形式，这就启发我们考虑通过假设，把原问题映射为复数问题来解决.

设 $$z=\cos\alpha+\mathrm{i}\sin\alpha$$

则 $$z^4=(\cos\alpha+\mathrm{i}\sin\alpha)^4=\cos 4\alpha+\mathrm{i}\sin 4\alpha \tag{1}$$

另一方面，把 $(\cos\alpha+\mathrm{i}\sin\alpha)^4$ 用杨辉三角展开又可得

$$\begin{aligned} z^4 &=\cos^4\alpha+4\cos^3\alpha\cdot(\mathrm{i}\sin\alpha)+6\cos^2\alpha(\mathrm{i}\sin\alpha)^2+\\ &\quad 4\cos\alpha(\mathrm{i}\sin\alpha)^3+(\mathrm{i}\sin\alpha)^4\\ &=(\cos^4\alpha-6\cos^2\alpha\cdot\sin^2\alpha+\sin^4\alpha)+\\ &\quad (4\cos^3\alpha\sin\alpha-4\cos\alpha\cdot\sin^3\alpha)\mathrm{i} \end{aligned} \tag{2}$$

比较(1)和(2)，我们可按复数相等的定义，反演为原结论

$$\begin{cases} \cos 4\alpha=\cos^4\alpha-6\cos^2\alpha\cdot\sin^2\alpha+\sin^4\alpha & (3)\\ \sin 4\alpha=4\cos^3\alpha\cdot\sin\alpha-4\cos\alpha\cdot\sin^3\alpha & (4) \end{cases}$$

(4)可进一步化简为

$$\begin{aligned} \sin 4\alpha &=4\sin\alpha\cos\alpha(\cos^2\alpha-\sin^2\alpha)\\ &=4\sin\alpha\cdot\sqrt{1-\sin^2\alpha}(1-2\sin^2\alpha) \end{aligned}$$

于是有

$$\sin(4\arcsin x)=4x\sqrt{1-x^2}(1-2x^2)$$

上面这个例题是将三角问题映射为复数问题的例证，而例 3.1.2 则是前述映射模式Ⅱ(图 3-15)的一个例证. 对于映射模式Ⅱ，我们再进一步举例阐明其应用.

例 3.2.7 已知点 $A(3,0)$，又点 B 在焦点为 $(-1,0)$ 点和 $(1,0)$ 点，长轴长为 4 的椭圆上运动，以 AB 为边作一个正 $\triangle ABP$ (A，B，P 按顺时针方向排列)，求 P 点的轨迹(图 3-16).

这是一个典型的平面解析几何问题. 考虑到 AB 可由 AP 按逆时针方向旋转而得到，所以把它映射为向量问题，进而映射为复数问题求解，应该是一个简单而可行的办法.

第一步，先写出椭圆的复数方程

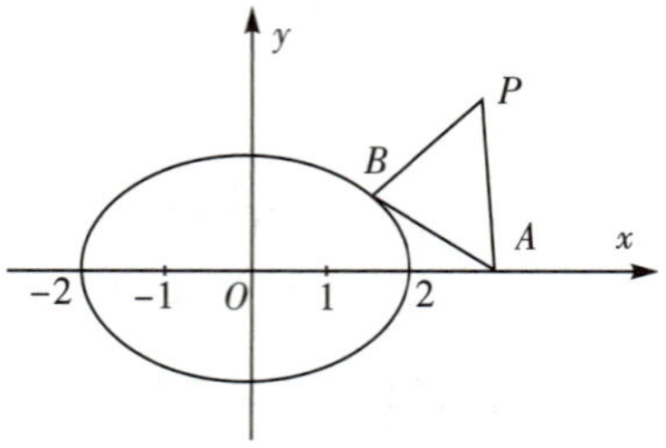

图 3-16

$$|z+1|+|z-1|=4(z\text{ 为复数})$$

并假设点 B 对应复数 z_0，点 P 对应复数 z. 又知点 A 对应复数 3. 于是向量$\overrightarrow{AP}$对应复数 $z-3$，而向量$\overrightarrow{AB}$对应复数 z_0-3. 如此，就把原问题的关系结构系统映射为关于复数与向量的关系结构系统了.

第二步，进行向量与复数的运算：

$$\overrightarrow{AB}=\overrightarrow{AP}\cdot(\cos 60°+\mathrm{i}\sin 60°)$$

因而有

$$z_0-3=(z-3)(\cos 60°+\mathrm{i}\sin 60°)$$

所以

$$z_0=(z-3)\left(\frac{1}{2}+\frac{\sqrt{3}}{2}\mathrm{i}\right)+3$$

由于 z_0 满足方程 $|z+1|+|z-1|=4$. 所以有

$$\left|(z-3)\left(\frac{1}{2}+\frac{\sqrt{3}}{2}\mathrm{i}\right)+4\right|+\left|(z-3)\left(\frac{1}{2}+\frac{\sqrt{3}}{2}\mathrm{i}\right)+2\right|=4$$

整理得

$$|z-(1+2\sqrt{3}\mathrm{i})|+|z-(2+\sqrt{3}\mathrm{i})|=4$$

第三步，根据复数模的几何意义反演为几何结论可知，P 点轨迹为以点 $(1,2\sqrt{3})$ 与点 $(2,\sqrt{3})$ 为焦点，长轴长为 4 的椭圆.

例 3.2.8 已知：直角三角形 ABC 中，$\angle C=90°$，延长 BC 到 E，使 $CE=CA$，又在线段 CA 或其延长线上取一点 F，使 $CF=CB$. 求证：$EF\perp AB$.

对此平面几何问题同样可把它映射为向量、复数问题而求解之.

第一步，如图 3-17 所示，建立复平面进行映射. 设点 B 对应 $-a$，点 A 对应 $b\mathrm{i}(a,b>0)$，则 E 对应 b，F 对应 $a\mathrm{i}$. 于是向量 $\overrightarrow{EF}$：$a\mathrm{i}-b=-b+a\mathrm{i}$，向量 $\overrightarrow{BA}$：$b\mathrm{i}-(-a)=a+b\mathrm{i}$.

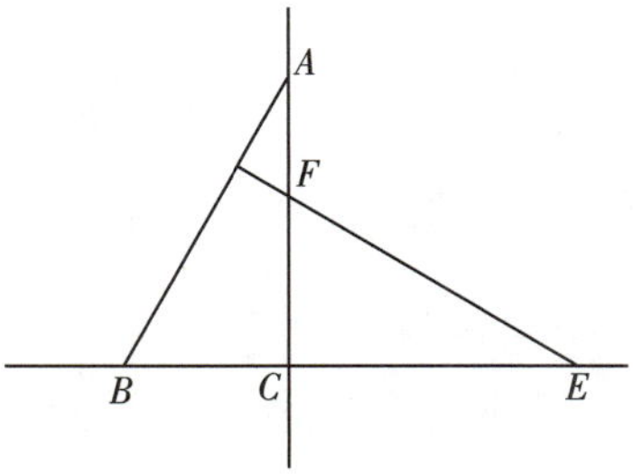

图 3-17

第二步,进行复数运算

$$\frac{\overrightarrow{EF}}{\overrightarrow{BA}}=\frac{-b+a\mathrm{i}}{a+b\mathrm{i}}=\mathrm{i}$$

第三步,反演:上式说明向量 $\overrightarrow{EF}$ 与向量 $\overrightarrow{BA}$ 的辐角之差为 $2k\pi+\frac{\pi}{2}$. 所以 $EF\perp BA$.

4. 换元法

用换元法进行映射反演的过程可如图 3-18 所示.

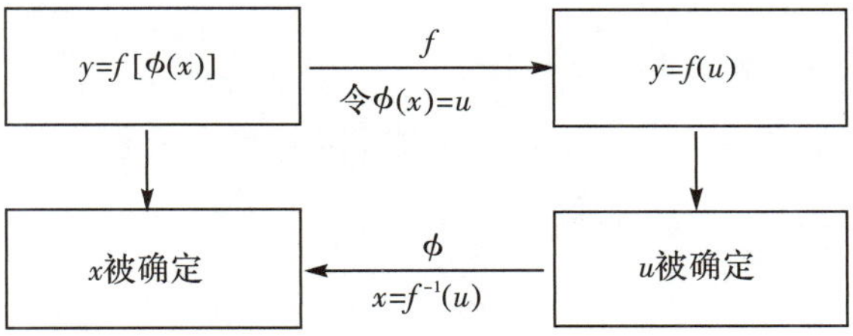

图 3-18

用换元法进行映射、反演之所以能成为中学数学中的一种重要方法,原因有二:

其一,从化归的角度看,通过换元可以“降低”方程的次数,或“变”无理式为有理式,或“变”超越式为代数式,或变代数问题为三角问题等. 这些无疑都是实现化归过程所必需的.

其二,从思维角度来看,换元法又可培养学生的整体性观点,锻炼学生处理问题的思维能力. 所谓“整体性观点”是指这样一种思维形式:从整体上考虑问题的可行性与解决办法. 其中的“整体”,可以是整个问题,也可以是问题内部的一些数学对象与数学关系的集合. 例如下述两个问题表面上看来似乎没有什么联系,而实际上,它们间的联系非常密切,都是整体性观点的反映.

问题 1：解方程 $\sqrt{x^2+1}+x^2=1$.

问题 2：求圆 $x^2+y^2=1$ 的圆心到直线系 $f(x,y)=ax+y+3a^2+15=0$（$a\in\mathbf{R}$，是参数）的距离的最小值.

解决问题 1 的关键是换元，令 $y=\sqrt{x^2+1}$，就是把 $\sqrt{x^2+1}$ 作为一个整体考虑. 而对于问题 2，在求得圆心到直线系的距离

$$d=\frac{3a^2+15}{\sqrt{a^2+1}}$$

后，如何求最小值呢？同样需有一个整体性观点，即把 $\sqrt{a^2+1}$ 作为整体，即有

$$d=\frac{3(a^2+1)+12}{\sqrt{a^2+1}}=3\sqrt{a^2+1}+\frac{12}{\sqrt{a^2+1}}\geqslant 12$$

问题 2 属高中数学课程范围，而上述解决问题的整体性观点，即如问题 1 求解过程中所显示的那样，在初中数学教学过程中就形成了.

例 3.2.9 解方程：$2x+3-x\sqrt{x-1}=5$.

用换元法解这个方程，显然比直接求解这个方程要简单一点.

令 $\sqrt{x-1}=t(t\geqslant 0)$，则

$$x=t^2+1$$

于是原问题被映射为

$$A'=\{t\mid 2(t^2+1)+3-(t^2+1)t=5\}$$

即

$$A'=\{t\mid t^3-2t^2+t=0\}$$

在 A' 中解得 $t=0$ 或 $t=1$，再由 $x=t^2+1$ 反演即可得 $x=1$ 或 $x=2$.

例 3.2.10 解不等式 $\sqrt{4-\log_{0.3}x}<\log_{0.3}x-2$.

换元并非一定要改换原问题中的字母，即如本例，我们既可令 $t=\log_{0.3}x$，从而求解关于 t 的不等式，也可用换元的思想，把 $\log_{0.3}x$ 当作一个整体，先求得 $\log_{0.3}x$ 的范围，然后再求 x 的范围，这种换元的思想在解一类超越方程、超越不等式或求函数的极值等问题中是很有用的. 它可以分解难点，使我们得以在较为简单的关系结构中分步解决

问题,本例就是如此.

解　原不等式等价于不等式组

$$\begin{cases}4-\log_{0.3}x\geqslant 0\\ \log_{0.3}x-2\geqslant 0\\ 4-\log_{0.3}x<(\log_{0.3}x-2)^2\end{cases}$$

解关于 $\log_{0.3}x$ 的不等式组,得

$$3<\log_{0.3}x\leqslant 4$$

于是原不等式的解为

$$\left(\frac{3}{10}\right)^4\leqslant x<\left(\frac{3}{10}\right)^3$$

如果我们不用换元的思想求解本例,则就必须先讨论复合函数 $\sqrt{4-\log_{0.3}x}$ 的定义域与 $\log_{0.3}x-2$ 的值域,这显然比较烦琐.

例 3.2.11　求 $y=\sqrt{x}+\sqrt{1-x}$ 的最大值.

由于该函数的定义域是[0,1],所以我们运用三角换元,可以很方便地把原问题映射为有关三角的关系结构系统,而在这个关系结构中求取最大值就简单易行了.

令 $x=\sin^2\alpha(0^\circ\leqslant\alpha\leqslant 90^\circ)$,则

$$1-x=\cos^2\alpha$$

于是原函数式即

$$\begin{aligned}y&=\sqrt{\sin^2\alpha}+\sqrt{\cos^2\alpha}\\&=\sin\alpha+\cos\alpha=\sqrt{2}\sin(\alpha+45^\circ)\leqslant\sqrt{2}\end{aligned}$$

所以 y 的最大值为 $\sqrt{2}$.

5. 参数法

借助参变数进行映射、反演的方法称为参数法. 其过程的模式可如图 3-19 所示.

用参数法把原象关系结构系统映射为映象关系结构系统后,不仅数学对象有所增加,而且数学关系也会发生重新组合等情况. 由于参数可以自由选择,又是一个变量,这就增加了原问题的“自由度”,也使得新组合起来的数学关系处于可变状态中,从而使我们能采用更为灵活的手段来处理问题.

例如,在直角坐标系中建立动点的轨迹方程时,如果直接建立 x,

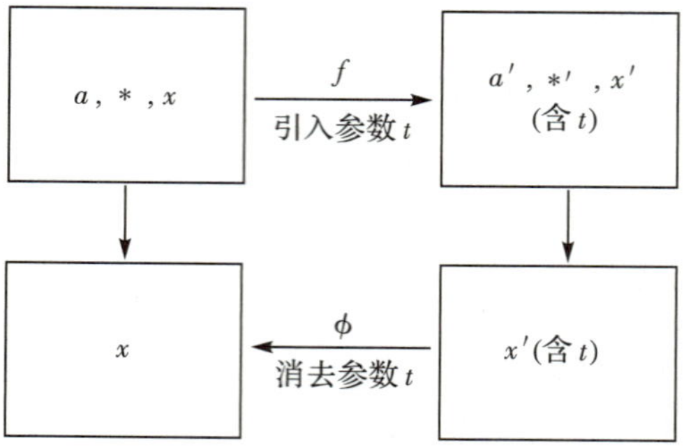

图 3-19

y 之间的联系不很容易，我们就可以选择参数 t，先建立间接关系 $\begin{cases}x=f(t)\\y=\varphi(t)\end{cases}$，再根据需要消去参数 t，从而建立 x，y 的直接关系，由于这里的参数 t 是自由选择的，这显然能给方程的建立带来种种方便.

又如，我们作方程 $x=\arccos(1-y)-\sqrt{2y-y^2}$ 的曲线时，显然，凭借这个方程直接讨论曲线的性质，或列表描点等都是很繁杂的，如果引进参数 θ，令 $\theta=\arccos(1-y)$. 将原方程映射为含 θ 的关系结构系统，则数学关系被重新组合为 $\begin{cases}x=\theta-\sin\theta\\y=1-\cos\theta\end{cases}$，然后再据此作图，就变得容易了.

当然，参数的作用不仅限于解析几何问题中的上述两个方面，下文我们将通过举例，来阐明它在其他方面的应用.

例 3.2.12 这是一个古老的问题，现改述如下：

有人在河中游泳，逆流而上，当游过一座木桥时，失落装酒的葫芦一只，这人继续游泳 20 分钟后才发现葫芦丢失，于是返回寻找，在木桥下游五百米处追回顺流漂去的葫芦. 求河水的流速.

初看，这似乎是一个很容易求解的问题，即只需假设河水流速为 x 千米/分，然后列出方程便可求得解答. 然而，我们很快发现，要想列出一元方程，却非一件易事. 那么改用二元方程组呢？同样发现，要列出两个方程也是困难的. 但若引进参数处理，则问题即可顺利解决.

今设游泳者的游泳速度为 v 千米/分($v\neq0$，参数)，他在 20 分钟内逆流而上的路程应为 $(v-x)\cdot 20$ 千米(此处 x 为河水流速). 又从丢失葫芦到找回葫芦所用去的时间为 $\left[\frac{(v-x)\cdot 20+0.5}{v+x}+20\right]$ 分. 这

个时间应等于葫芦漂流之时间$\frac{0.5}{x}$.于是得方程

$$\frac{(v-x)\cdot 20+0.5}{v+x}+20=\frac{0.5}{x}$$

整理得

$$v=80\cdot x\cdot v$$

消去参数 $v(v\neq 0)$得

$$x=\frac{1}{80}$$

所以河水流速为每分钟$\frac{1}{80}$千米.

分析上面的解题过程,不难发现,正是由于参数 v 的引进,才使我们能把原问题给出的关系结构系统重新组合.又正是依靠这一重新组合的结果,才使我们顺利地建立了方程.当然,就本例而言,直接运用算术方法也是可以解决的,但较上述参数法求解要困难得多.

例 3.2.13　已知椭圆 $9x^2+16y^2=144$.求这个椭圆上的点的横坐标与纵坐标之和的最大值与最小值.

我们先设椭圆上的点的坐标为(x,y),那么问题即求 $x+y$ 的最大值与最小值.然而,这样假设以后,在问题给出的关系结构系统 A 中,仍然很难求得解答.于是我们引进一个参数 α,令 $\alpha=x+y$,把 A 映射为含 α 的关系结构系统 A'.这样 A'中的数学对象比 A 中多了一个 α,数学关系也相应地起了变化."自由度"增加了,处理方法变得更为灵活.事实上,我们只需将 $\alpha=x+y$ 略加变形为 $y=-x+\alpha$,就可把它视为一组斜率是 -1 的直线系方程.其中 α 的几何意义是纵截距(参数),由于直线系方程中的 x,y 必须是椭圆上点的坐标,因此求 $x+y$的最大值和最小值就映射为求所有过椭圆上的点的斜率为 -1 的直线的纵截距的最大值和最小值.

由图 3-20 可知椭圆的两条切线的纵截距为这一组直线系中纵截距的最大者和最小者.由于该椭圆的切线方程为

$$\begin{aligned} y&=(-1)x\pm\sqrt{16\times(-1)^2+9}\\ &=-x\pm 5 \end{aligned}$$

故 α 的最大值为 5,最小值为 -5,即 $x+y$ 的最大值为 5,最小值为 -5.

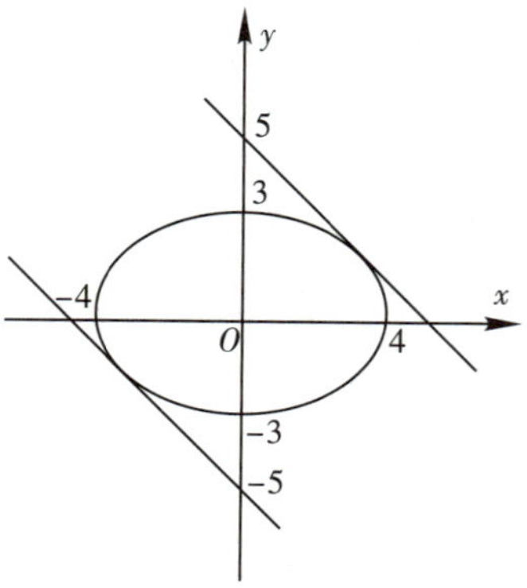

图 3-20

所谓引进参数后能使问题“自由度”增加,并且处理问题的方法变得灵活,这不仅体现在参数为变量这一意义上(如在上面解法中由于 α 是变量,我们就可以把直线 $y=-x+\alpha$ 上下移动直至达到目的),而且还体现在参数可以自由地选择这一点上. 譬如,求解上述一例中,如果不选参数 $\alpha=x+y$,而改选 θ 来重新组合椭圆方程所显示的关系结构,即设

$$\begin{cases} x=4\cos\theta \\ y=3\sin\theta \end{cases}$$

那么,映象目标就变为求 $4\cos\theta+3\sin\theta$ 的最大值和最小值,较选用参数 $\alpha=x+y$ 更易定映.

例 3.2.14 已知数列 $\{a_n\}$ 满足

$$a_0=1,\quad a_1=1,\quad a_{n+1}=a_n+a_{n-1}$$

求 a_n.

我们运用第二章提到的分解方法,把条件分解为两部分:

$$a_0=1, a_1=1 \tag{1}$$

$$a_{n+1}=a_n+a_{n-1} \tag{2}$$

我们先分别考虑只满足条件(1)的数列和只满足条件(2)的数列(通常这样的数列不是唯一的),然后再在这些数列中寻找既满足(1)又满足(2)的数列.

现在先考虑只满足条件(2)的数列. 作为一种化归方法,我们无疑应首先检查早已熟知的等差、等比数列中是否有满足这个条件的. 显然,这样的数列不是唯一的. 例如常数列 $\{0\}$ 就满足它,但常数列 $\{0\}$ 并不满足条件(1),所以我们放弃它. 容易发现其他等差数列再也没有满足条件(2)的了.接着考虑是否存在某些等比数列满足这个条件.对此,我们既不能肯定,也不能否定.不过,我们可以试验一下,引进一个参数 x,作为待定的公比,检查数列

$$1,x,x^2,x^3,\cdots,x^n$$

有无可能满足条件(2),即检查是否存在这样的 x,能使

$$x^{n+1}=x^n+x^{n-1} \tag{3}$$

成立.通过解方程

$$x^{n-1}(x^2-x-1)=0$$

我们发现,这样的 x 是存在的.它们是

$$x_1=\frac{1+\sqrt{5}}{2},\quad x_2=\frac{1-\sqrt{5}}{2}(x=0\text{ 舍去})$$

事实上,由

$$\begin{aligned}&\left(\frac{1+\sqrt{5}}{2}\right)^n+\left(\frac{1+\sqrt{5}}{2}\right)^{n-1}\\=&\left(\frac{1+\sqrt{5}}{2}\right)^{n-1}\cdot\left(\frac{1+\sqrt{5}}{2}+1\right)\\=&\left(\frac{1+\sqrt{5}}{2}\right)^{n-1}\cdot\frac{3+\sqrt{5}}{2}\\=&\left(\frac{1+\sqrt{5}}{2}\right)^{n-1}\cdot\left(\frac{1+\sqrt{5}}{2}\right)^2\\=&\left(\frac{1+\sqrt{5}}{2}\right)^{n+1}\end{aligned}$$

可知,数列 $b_{n+1}=\left(\frac{1+\sqrt{5}}{2}\right)^{n+1}$ 是满足条件(2)的.同样,还可知数列 $c_{n+1}=\left(\frac{1-\sqrt{5}}{2}\right)^{n+1}$ 也满足这个条件.但是,它们都不满足条件(1):$a_0=1,a_1=1$.不过,我们发现 $x_1+x_2=1$,这恰是 a_0 的值,也就是说我们可以用 x_1,x_2 来表示 a_0,那么是否同样能用 x_1,x_2 来表示 $a_1,a_2,\cdots,a_n,a_{n+1}$呢?由于 b_n,c_n 都满足条件(2),这就使我们相信,它们的线性组合有可能仍满足条件(2),从而使得能用 x_1,x_2 来表示数列 $\{a_n\}$中的任意项.

为此,我们再引进两个参数 α,β.把问题再一次置于可变状态中,以便灵活处置.

设

$$a_n = \alpha \cdot x_1^n + \beta \cdot x_2^n = \alpha \cdot \left(\frac{1+\sqrt{5}}{2}\right)^n + \beta \cdot \left(\frac{1-\sqrt{5}}{2}\right)^n \tag{4}$$

现在,我们的目标是确定 α,β. 可以运用 1.1 节中"关系 A"对(4)作这样的处理:若(4)对任意 n 成立,则对于 $n=0,1$ 时也应成立. 即应有

$$\begin{cases} 1 = a_0 = \alpha \cdot x_1^0 + \beta \cdot x_2^0 = \alpha + \beta & (5) \\ 1 = a_1 = \alpha \cdot x_1^1 + \beta \cdot x_2^1 = \alpha \cdot \dfrac{1+\sqrt{5}}{2} + \beta \cdot \dfrac{1-\sqrt{5}}{2} & (6) \end{cases}$$

解式(5)和式(6),得

$$\alpha = \frac{5+\sqrt{5}}{10}, \quad \beta = \frac{5-\sqrt{5}}{10}$$

于是

$$\begin{aligned} a_n &= \frac{5+\sqrt{5}}{10} \cdot \left(\frac{1+\sqrt{5}}{2}\right)^n + \frac{5-\sqrt{5}}{10} \cdot \left(\frac{1-\sqrt{5}}{2}\right)^n \\ &= \frac{1}{\sqrt{5}}\left[\left(\frac{1+\sqrt{5}}{2}\right)^{n+1} - \left(\frac{1-\sqrt{5}}{2}\right)^{n+1}\right] \end{aligned}$$

经过检验,可知所求得的 a_n 满足条件(1)(2).

在本例的求解过程中,我们共引进三个参数 x,α,β,从而把原问题 A 映射为含有 x,α,β 的关系结构系统 A'. 在 A' 中不仅数学对象有所增加,而且数学关系也有相应的改变[如(3)(4)(5)(6)均是新的数学关系],我们正是凭借这些新的数学关系才在 A' 中确定了 x,α,β,并进一步反演为原问题的结论.

6. 待定系数法

待定系数法实际上也是一种参数映射法,例如例 1.1.9 用待定系数法把分式

$$\frac{6x^2+22x+18}{(x+1)(x+2)(x+3)}$$

化为部分分式时,就是借助参数 α,β,γ 去作映射变换的,即把原象关系结构系统 A 映射为关于 α,β,γ 的映象关系结构系统 A':

$$\frac{6x^2+22x+18}{(x+1)(x+2)(x+3)} \equiv \frac{\alpha}{x+1} + \frac{\beta}{x+2} + \frac{\gamma}{x+3}$$

于是,A 中之"化部分分式"这一原象目标 x 就被映射为 A' 中的 $\alpha,\beta,$

γ. 当我们运用多项式恒等定理，把参数 α,β,γ 在 A' 中确定下来后，目标原象也就随之而被确定了.

此处之所以把待定系数法又作为一种映射反演法而专门讨论之，乃是基于如下两点考虑：其一是在中学数学教学中，待定系数法是作为一种重要的数学方法而单独提出来的；其二是在一般情况下，待定系数法被认为是建立在多项式恒等定理之基础上的，其参数的被选择与被确定均可按特定的模式进行，不像一般参数法那么自由，所以它与一般的参数法又有一些细小的差别.

如所知，多项式恒等定理是指：若

$$f(x)=a_0x^n+a_1x^{n-1}+a_2x^{n-2}+\cdots+a_nx^0$$

与

$$\Phi(x)=b_0x^n+b_1x^{n-1}+b_2x^{n-2}+\cdots+b_nx^0$$

是同一数域上的两个多项式，则当且仅当

$$\begin{cases}a_0=b_0\\a_1=b_1\\\vdots\\a_n=b_n\end{cases}$$

时，$f(x)\equiv\Phi(x)$.

如果在某一关系结构系统 A 中，$f(x)$是已知的对象与关系，$\Phi(x)$是未知目标，那么当我们把 A 映射为 $A'=\{f(x)\equiv\Phi(x)\}$后，必可根据上述定理定映和反演，这就是待定系数法.

例 3.2.15　已知：$f(x)=x^4+2\sqrt{2}x^3+6x^2+4\sqrt{2}x+4$ 是一个 x 的多项式的完全平方，求 $f(x)$的平方根.

我们先对 $f(x)$的平方根作一个估计：由于 $f(x)$是一个 x 的四次多项式，且是某多项式 $\Phi(x)$的完全平方，所以其平方根必是一个 x 的二次多项式. 又因 $f(x)$的最高次项 x^4 的系数是 1，故其平方根中最高次项 x^2 的系数必是 1. 于是我们假设 $f(x)$的平方根为

$$\Phi(x)=\pm(x^2+px+q)$$

按照平方根的定义有

$$\begin{aligned}&x^4+2\sqrt{2}x^3+6x^2+4\sqrt{2}x+4\\\equiv&[\pm(x^2+px+q)]^2\end{aligned}$$

$$\equiv x^4+2px^3+(p^2+2q)x^2+2pqx+q^2$$

根据多项式恒等定理有

$$\begin{cases} 2p=2\sqrt{2} & (1) \\ p^2+2q=6 & (2) \\ 2pq=4\sqrt{2} & (3) \\ q^2=4 & (4) \end{cases}$$

由(1)和(4)得

$$\begin{cases} p=\sqrt{2} \\ q=\pm 2 \end{cases}$$

代入(2)和(3)检验知 $q=-2$ 不适合. 故

$$\begin{cases} p=\sqrt{2} \\ q=2 \end{cases}$$

因此所求之平方根为 $\pm(x^2+\sqrt{2}x+2)$.

使用待定系数法时，对结论做合理的估计是一个关键. 我们的估计与结论愈接近，计算量就愈小. 如在求解本例的过程中我们先作了两个方面的估计：首先是估计 $f(x)$ 的平方根是一个二次多项式；其次是估计该二次多项式的最高次项系数为 1，这样，我们只需引进两个参数 p, q 便可解决问题. 若没有这第二个估计，那就要引进三个参数 m, p, q，设平方根为 $\pm(mx^2+px+q)$，这时为确定未知目标就需先确定三个参数，计算量就大多了. 反过来，如果我们对 $f(x)$ 的平方根，还能做出第三个估计，也就有可能使求解过程更简单一点. 事实上，根据 $f(x)$ 应是一个多项式的完全平方，而其各项系数皆正，我们是能够做出第三个估计的，即平方根的常数项必是 $f(x)$ 的常数项的平方根 ± 2. 于是，我们只要引进一个参数 p，就可把平方根的模式确定为 $\pm(x^2+px+2)$，接下来的计算显然比原先更简单.

如果我们对待定系数法做广义的理解，那么，如下的求解方法也可视为一种待定系数法：引进参数以确定未知目标的模式，再利用其他条件确定参数，从而确定未知目标. 这种广义的待定系数法与上面所说的待定系数法的差别，仅仅在于确定参数（定映）的根据不同. 后者限于多项式恒等定理，而前者则不局限于该定理，只要有利于参数的确定即可.

例如,在求某椭圆的方程时,我们可以引进参数 a,b,根据椭圆的定位条件确定椭圆的方程模式$\left(如\frac{x^2}{a^2}+\frac{y^2}{b^2}=1等\right)$,再根据定形条件,确定 a,b,从而确定椭圆的方程.这就是广义的待定系数法的具体运用.这里不再一一列举.

3.3　构造与变换

“构造”是数学家常用的思想方法,譬如,当有一个实际问题需要数学家帮助解决时,他首先想到的就是构造。就是说,他将首先通过抽象分析,去构造一个数学模型,并希望通过数学模型的处理,对这项实际问题的解决有所裨益.如欧拉在解决著名的“七桥问题”时,所使用的方法就是通过抽象分析,构造一个数学模型.他在处理这个数学模型的基础上给出的“一笔画定理”,最终发展成现代的“线路拓扑学”.

在我们处理数学问题时,“构造”同样是一种重要的思想方法.我国古代的数学成果中就不乏其例.勾股定理的证明是其中一例.

设 a,b,c 分别表示直角三角形的两直角边和斜边,求证:$a^2+b^2=c^2$.

一种古老的证明方法是构造如下的一个图形(图 3-21):以直角三角形的三边为边,分别向外作一个正方形(图 3-21),那么,这三个正方形的面积分别为 a^2,b^2,c^2,这样欲证 $a^2+b^2=c^2$,只需在这个图形中证明两个小正方形的面积之和等于大正方形的面积即可.对此,用割补法即可获证.

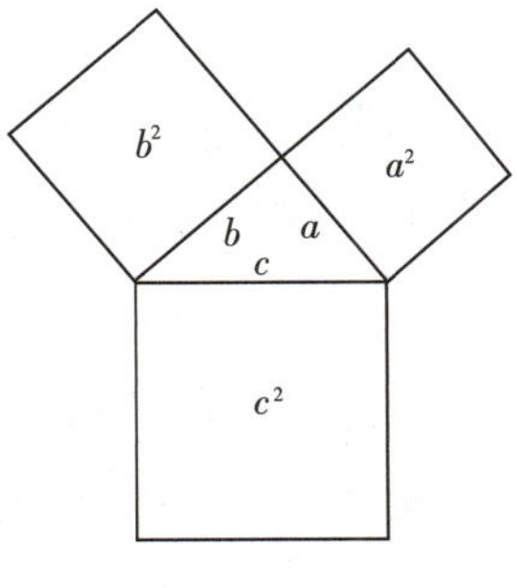

图 3-21

一般来说,构造法包含下述两层意思:

利用抽象的普遍性,把实际问题转化为数学模型;

利用具体问题的特殊性,给所解决的问题设计一个框架(如上面证明勾股定理时所设计的图形就是一个框架).

限于本书的主题是化归,故在本节中只讨论第二层意思下的狭义的"构造".不难看出,这种"构造",也是一种映射反演法.不妨就以上述勾股定理的证明为例,阐明其映射、反演的过程(图 3-22):

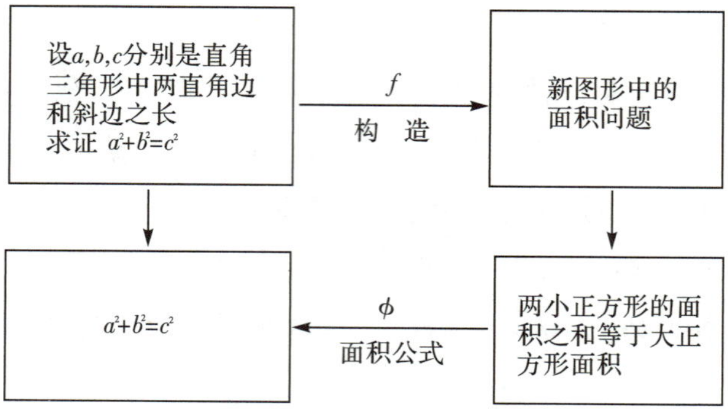

图 3-22

所谓"框架",其含义甚为广泛,它可以是一个图形,一个函数,一个方程,也可以是一个与原命题等价的命题,总之,是一个待解决问题的关系结构系统的母集.由此可见,构造法的含义也十分广泛.事实上,我们在 3.2 节中列出的某些方法,如函数法、坐标法等都是一种构造法.

我们将会发现,所在这些框架的形成和解决,都与变换相关.这里所说的"变换",是指一个集合到其自身的一种一一映射.在中学数学中,它一般指代数系统中的恒等变换、等价变换,几何系统中的对称、平移、旋转、相似、压缩等变换.

下面我们介绍一些可供构造的框架,以现构造法的端倪.但在3.2节中某些可纳入构造法范畴的方法就不再重复了.

1. 构造一个图形

构造图形的方法,是古典几何中的传统方法.即以几何证明中的添加辅助线而言,也是一种构造.因为辅助线的添加,导致了原象关系结构的重新编排与组合,从而出现新的图形.这个新的图形,正是我们为证明结论所需要的"框架".例如,当我们证明"过圆外一点到定圆的二切线的长相等”时，常用联结圆心与切点的方法构造两个直角三角形. 这两个直角三角形就是我们证明结论所需要的框架. 我们知道，平面几何的传统证法中，添加辅助线是一个难点. 一般来说，在什么地方添加辅助线，取决于我们希望构造什么样的图形，而添加的方法，则常常需要用到前面所提到的种种几何变换.

例 3.3.1　已知圆 O_1 与圆 O_2 半径不等，两圆相交于 A，B 两点，P_1P_2 与 Q_1Q_2 是这两个圆的外公切线，P_1，P_2，Q_1，Q_2 分别是切点. P_1Q_1 与 P_2Q_2 分别交连心线 O_1O_2 所在直线于 M_1，M_2 两点(图 3-23).

求证：$\angle O_1AO_2=\angle M_1AM_2$.

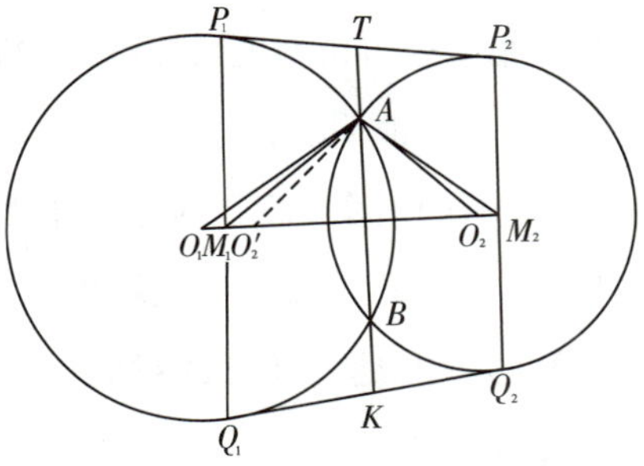

图 3-23

我们发现$\angle O_1AO_2$ 与$\angle M_1AM_2$ 有一部分$\angle M_1AO_2$ 是公共的. 因此欲证$\angle O_1AO_2=\angle M_1AM_2$，只需证明$\angle O_1AM_1=\angle M_2AO_2$，然而，这两个角所在的$\triangle O_1AM_1$ 与$\triangle M_2AO_2$ 既不全等，也不相似，这就是本题的难点. 为了克服这个难点，传统的方法是构造一个新图形，而新图形的由来，又产生于这样一个“念头”：能否把这两个三角形“搬”到一起去呢？如果要“搬”的话，又如何“搬”呢？

我们发现延长两个圆的公共弦 AB，交两条公切线于 T，K 后，TK 是梯形 $P_2Q_2Q_1P_1$ 的中位线(至于为什么四边形 $P_2Q_2Q_1P_1$ 是梯形，TK 又为什么是中位线，甚易证明. 但在我们探索证明途径时，尽量不纠结这些细节). 于是，TK(或 AB)是 M_1，M_2 的对称轴. 这样，用“搬家”的方法构造新图形的工作，就可借助对称变换来实现了.

以直线 AB 为轴，将$\triangle AM_2O_2$ 翻转 180°，即可得$\triangle AM_1O_2'$(M_2 与 M_1 重合，O_2 与 O_2' 重合)，并且有

$$\angle M_2AO_2=\angle M_1AO_2'$$

所以，欲证$\angle O_1AM_1=\angle M_2AO_2$，只需在新图形内的$\triangle O_1AO_2'$中证明

$$\angle O_1AM_1=\angle M_1AO_2'$$

又只需证明AM_1是$\angle O_1AO_2'$的平分线. 根据三角形内角平分线的性质，只需证明

$$\frac{O_1A}{O_2'A}=\frac{O_1M_1}{M_1O_2'}$$

因为O_1A与$O_2'A=O_2A$分别是两圆的半径，所以我们只需证明比值

$$\frac{O_1M_1}{M_1O_2'}=\frac{O_1M_1}{M_2O_2}$$

等于两圆半径之比即可. 而这在直角三角形$O_1M_1P_1$和直角三角形$O_2M_2P_2$中是很容易证明的，从而命题也就可以获证.

总结本例之分析过程，可知用对称变换构造新图形$\triangle O_1AO_2'$是求证本例的关键，而这也正是证明平面几何问题的基本方法之一.

“图形不仅是几何问题的对象，而且对于解答所有各类问题都有很大的帮助，即使初看起来与几何无关.”(文献[2])我们通过下面的例题说明一个构思巧妙的图形是怎样帮助我们思考并解决问题的.

例 3.3.2 已知：$a>0,b>0,a+b=1$.

求证：$\sqrt{2}<\sqrt{a+\frac{1}{2}}+\sqrt{b+\frac{1}{2}}\leqslant 2$.

为了使得条件$a+b=1$与待证式的中间部分在形式上接近一些，我们将该条件作如下变形：

$$\left(a+\frac{1}{2}\right)+\left(b+\frac{1}{2}\right)=2$$

进而有

$$\left(\sqrt{a+\frac{1}{2}}\right)^2+\left(\sqrt{b+\frac{1}{2}}\right)^2=(\sqrt{2})^2 \qquad (1)$$

我们来构造这样一个直角三角形，使其两直角边长分别为$\sqrt{a+\frac{1}{2}}$和$\sqrt{b+\frac{1}{2}}$，而斜边之长则为$\sqrt{2}$(图 3-24)，显然，这个直角三角形的三边长之间的关系是符合式(1)的，从而满足条件$a+b=1$.

由图 3-24 所示，根据定理“三角形任意两边之和大于第三边”，而有不等式

$$\sqrt{2}<\sqrt{a+\frac{1}{2}}+\sqrt{b+\frac{1}{2}}$$

成立. 至于这个双联不等式的右边部分,也可由图 3-24 并根据直角三角形的边角关系知

$$\sqrt{a+\frac{1}{2}}=\sqrt{2}\cos\alpha,\ \sqrt{b+\frac{1}{2}}=\sqrt{2}\sin\alpha$$

于是有

$$\begin{aligned}\sqrt{a+\frac{1}{2}}+\sqrt{b+\frac{1}{2}}&=\sqrt{2}(\sin\alpha+\cos\alpha)\\&=\sqrt{2}\cdot\sqrt{2}\sin\left(\alpha+\frac{\pi}{4}\right)\\&\leqslant 2\end{aligned}$$

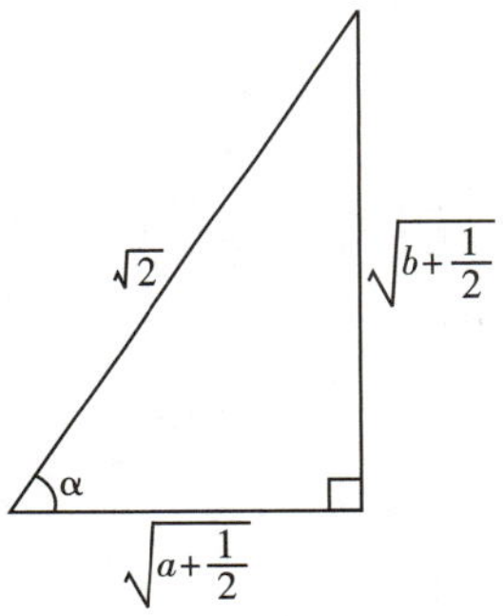

图 3-24

上述证法可谓简明而直观,但此种证法之由来,不能不归功于精巧的构图. 那么精巧的构图又是从何而来的呢? 不难看出,它来源于条件的变换. 可见,“构造”与“变换”是密切不可分的.

2. 构造方程

如果说,添加辅助线是几何证明中的基本方法之一,那么构造方程则是初等代数的基本方法之一. 初中数学中的列方程解应用题,就是一种最简单的构造方程法. 而高中解析几何中的求动点的轨迹方程,高中代数中的构造特征方程,求数列通项公式等,则是相对复杂一些的构造方程法.

如何构造方程? 一种较简单的做法是把题中的制约关系用等式(含未知量)表示. 对于较复杂的问题,那就要根据需要与可能去设计“框架”了. 我们的兴趣在于后者.

例 3.3.3 求证定义在区间$(-a,a)(a\in \mathbf{R}_+)$内的任意函数$F(x)$均可表示为一个偶函数与一个奇函数之和.

先将题意“译”为数学符号的表达式，即若 $\phi(x)$与$\varphi(x)$分别是偶函数和奇函数，那么，我们的任务便是指出能使下述等式成立的 $\phi(x)$与 $\varphi(x)$是存在的：

$$F(x)=\phi(x)+\varphi(x) \tag{1}$$

由于我们必须用 $F(x)$表示 $\phi(x)$与 $\varphi(x)$，因此我们可以把式(1)看作一个方程，其中 $F(x)$是已知数，$\phi(x)$与 $\varphi(x)$是未知数. 这样，我们还要构造出一个与式(1)有相同未知数与已知数的方程，才能把$\phi(x)$与 $\varphi(x)$最终确定下来.

第二个方程可利用 $\phi(x)$是偶函数，$\varphi(x)$是奇函数构造出来，由式(1)知

$$F(-x)=\phi(-x)+\varphi(-x)=\phi(x)-\varphi(x) \tag{2}$$

有了式(1)和式(2)，以下求解过程就简单了. 由

$$\begin{cases}F(x)=\phi(x)+\varphi(x)\\F(-x)=\phi(x)-\varphi(x)\end{cases}$$

解得

$$\begin{cases}\phi(x)=\dfrac{1}{2}[F(x)+F(-x)] & (3)\\[2ex]\varphi(x)=\dfrac{1}{2}[F(x)-F(-x)] & (4)\end{cases}$$

我们检查一下式(3)和式(4)，发现$\frac{1}{2}[F(x)+F(-x)]$确是偶函数，而$\frac{1}{2}[F(x)-F(-x)]$确是奇函数，并且等式

$$F(x)=\frac{1}{2}[F(x)+F(-x)]+\frac{1}{2}[F(x)-F(-x)]$$

显然成立，故命题得证.

分析上面思考与证明的过程，可知需要与愿望是构造方程的关键，其间又离不开预见与尝试. 由此也可说明“构造”往往是发散思维的产物.

3. 构造一个与原命题等价的命题

我们在求解待处理问题的过程中，经常说“换句话说……”这个

“换句话说……”就是“构造一个与原命题等价的命题”的通俗表述，这在求解任何数学问题时，都或多或少地能派上一些用场. 例如，“要在 5 名女同志、11 名男同志中选派 5 人出席一个会议，但女同志最多不得超过 4 人，问有几种不同的选派方案？”我们使用“换句话说……”来改变其叙述方式，就是“不能有 5 名女同志同时选派到”. 按照这栏的叙述方式，我们便可直截了当地求得结果：$C_{16}^5-C_5^5=4\ 367$(种). 又如，当我们证明某一命题感到有困难时，可改为往证其逆否命题，这也是一种“换句话说……”的运用. 因为原命题与其逆否命题总是等价的.

把问题的已知条件或结论进行等价变换，以获得新的命题，是“构造等价命题”的又一种形式. 例如，已知：α,β,γ 是锐角，且

$$\cos^2\alpha+\cos^2\beta+\cos^2\gamma+2\cos\alpha\cos\beta\cos\gamma=1$$

求证：$\alpha+\beta+\gamma=\pi$.

我们把结论作如下的等价变换，即把

$$\alpha+\beta+\gamma=\pi\quad(\alpha,\beta,\gamma\text{ 是锐角})$$

换成

$$\cos\alpha=\cos[\pi-(\gamma+\beta)]=-\cos(\gamma+\beta)\quad(\alpha,\beta,\gamma\text{ 是锐角})$$

就可得到一个由原命题的新结论组成的新命题. 显然，这个新命题与原命题是等价的. 由于新命题比原命题更易证明，因而上述“构造”是可取的. 事实上，我们只要把条件中的 $\cos\beta,\cos\gamma$ 当作已知数，而把 $\cos\alpha$ 当作未知数，用解二次方程的方法解出 $\cos\alpha$ 即可获证.

当然，我们不能把所说的“构造等价命题”的意义，仅仅理解为叙述形式的改变，或为上面所说的那种简单的“等价变换”，而应该把注意力集中在“构造”二字上，它是一种设计，是一种创新，从思维角度来说，它也属于发散型思维. 例如，已知：$a_i\in\mathbf{R}(i=1,2,\cdots,1\ 988)$，且

$$a_1+a_2+\cdots+a_{1\ 988}=1\ 988\tag{1}$$

$$a_1^2+a_2^2+\cdots+a_{1\ 988}^2=1\ 988\tag{2}$$

求证：$a_i=1(i=1,2,\cdots,1\ 988)$.

假如认为直接证明这个命题有困难，我们可以用下述命题来代替原命题.

已知条件与原命题的已知条件相同. 求证:

$$(a_1-1)^2+(a_2-1)^2+\cdots+(a_{1\,988}-1)^2=0 \tag{3}$$

式(3)只是把原命题的结论作了改造,其他没有变.

由于

$$(a_1-1)^2+(a_2-1)^2+\cdots+(a_{1\,988}-1)^2=0$$

与 $a_i=1$ 是等价的,所以这两个命题也是等价的. 那么命题(3)是怎样构造出来的呢? 或者说是怎样想到这样做的呢? 这就不是上述那种简单的等价所能解释的了. 它需要巧妙的设计,而这种设计产生于逆向思维,也就是说要善于把 $a_i=1$ 与早已熟悉的知识"在 $\mathbf{R}$ 内若 $\sum_{i=1}^{1\,988}(a_i-1)^2=0$, 则 $a_i=1$"挂起钩来,并且逆向运用. 当然,构造等价命题的意义不在于构造什么样的等价命题,而在于所构造的命题是否比原命题更易定映(既然是等价命题,反演总是能行的). 就本例而言,由于只需把已知条件中的式(2)-式(1)×2 就得到式(3)的结论,所以上述构造是有意义的.

必须指出,能与 $a_i=1$ 挂钩的知识并不是唯一的,例如:

$$\begin{cases}(a_1-a_2)^2+(a_1-a_3)^2+\cdots+(a_2-a_3)^2+\cdots+(a_{1\,987}-a_{1\,988})^2=0 \\ a_1+a_2+\cdots+a_{1\,988}=1\,988\end{cases} \tag{4}$$

与 $a_i=1$ 也可以说是等价的,并且式(4)也是可定映的. 这正说明了发散性思维的多向性.

"构造"并不总是产生于逆向思维,例 3.3.4 就是抽象思维的例子.

例 3.3.4 有 n 个城市,它们之间的距离都不相等,如果每一个城市都出动一架飞机到离它最近的城市降落,试证明:每一个城市所降落的飞机不会超过 5 架.

如果 $n\leqslant 6$,问题的结论明显成立. 但若 $n>6$(如 $n=7$)时,那就不那么明显了. 当 n 足够大时甚至会觉得结论有点不可思议,因为按照"常情",从许多城市中找出 6 个城市,各出动一架飞机到离它最近的第 7 个城市降落,看上去是可能的. 然而本例的结论恰恰说明这是不可能的.

我们从 $n=7$ 入手，试构造一个与原命题等价的命题，看看能否把证明过程变得容易一点.

不妨把这 7 个城市设想为平面内的 7 个点 $A_1, A_2, A_3, A_4, A_5, A_6, A_7$. 于是当 $n=7$ 时，我们便可构造这样一个与原命题等价的命题：

“试证：平面内不存在这样的点 A_7，它到其余 6 个点的距离比这 6 个点彼此间的距离都短.”

这个命题显然比原命题容易证明一些，可用反证法证明.

假设存在这样一个点 A_7，那么如图 3-25 所示，$\triangle A_7A_1A_2$ 中 A_1A_2 为最长边，则 $\angle A_1A_7A_2>60°$. 同理，$\angle A_2A_7A_3>60°$，$\angle A_3A_7A_4>60°$，$\angle A_4A_7A_5>60°$，$\angle A_5A_7A_6>60°$，$\angle A_6A_7A_1>60°$. 于是，这六个角的和大于 360°，与周角定义矛盾. 故这样的点 A_7 不存在.

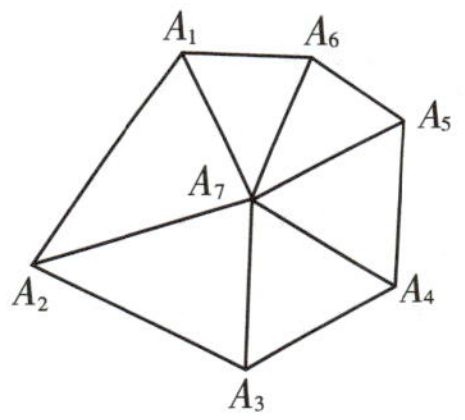

图 3-25

当考虑平面内 n 个点的情况时，同样可以证明.

4. 构造一个辅助命题

所谓辅助命题，是指外加在映象结构系统上的一个命题. 这个命题不一定依赖于映象关系结构. 它所起的作用是协助映象关系结构定映. 为了问题的完整，这个辅助命题必须同时反演回去，并作为原象关系结构系统的一个外加条件. 辅助命题的得来，完全是根据需要构造出来的. 我们先用框图示意（图 3-26），再举例说明.

框图中的 c' 为辅助命题，c 为 c' 的原象，在解决问题时，常常是 c' 先被构造出来，而后才反演为 c.

例 3.3.5　设 $m, n\in \mathbf{N}$，且 $\sqrt{7}-\frac{m}{n}>0$，求证：

$$\sqrt{7}-\frac{m}{n}>\frac{1}{m\cdot n}$$

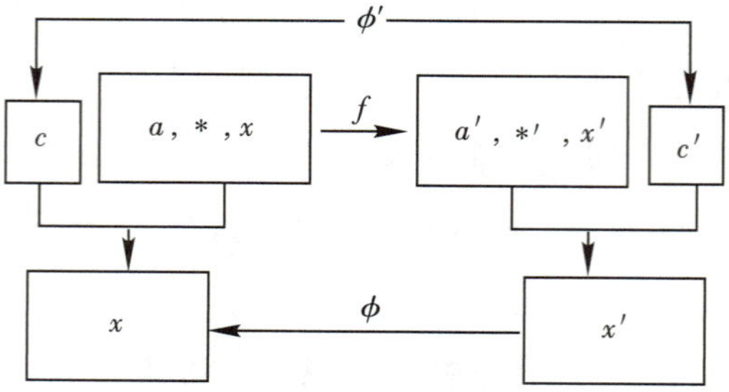

图 3-26

由于在问题所示的原象关系结构系统 A 内，直接确定原象目标 x 十分困难，因此我们用等价变换的办法进行映射：

由$\sqrt{7}-\frac{m}{n}>0$，可得 $7n^2>m^2$；

由$\sqrt{7}-\frac{m}{n}>\frac{1}{m\cdot n}$，可得 $7n^2>m^2+2+\frac{1}{m^2}$.

故有如下的映象关系结构系统 A'：“已知 $m,n\in\mathbf{N}$，且 $7n^2>m^2$，求证 $7n^2>m^2+2+\frac{1}{m^2}$.”

然而，在 A' 中我们仍然很难确定映象目标. 为此，我们在 A' 之外，再附加一个命题 c'（辅助命题）：“若 $m,n\in\mathbf{N}$，试证 $7n^2\neq m^2+1$，且 $7n^2\neq m^2+2$.”

这个辅助命题 c' 是基于下述考虑而构造出来的.

因为 $n,m\in\mathbf{N}$，所以必有 $7n^2,m^2\in\mathbf{N}$. 所以由 $7n^2>m^2$，必有 $7n^2\geqslant m^2+1$. 若我们能证明 $7n^2\neq m^2+1$，则必有 $7n^2\geqslant m^2+2$. 又若我们还能证明 $7n^2\neq m^2+2$，则必有 $7n^2\geqslant m^2+3>m^2+2+\frac{1}{m^2}$. 如此，命题便可获证，然而，这个“获证”是建立在 $7n^2\neq m^2+1$ 且 $7n^2\neq m^2+2$ 之上的. 所以我们必须预先证明命题 c'. 如果 c' 能获证，那么在 c' 的“协助”下，由 $7n^2>m^2$ 便可证明 $7n^2>m^2+2+\frac{1}{m^2}$. 也就是说，在辅助命题 c' 的协助之下，A' 才能定映. 同时，我们又知道，c' 的原象 c 也必是 A 中原象目标成立之基础.

现在我们来讨论命题 c' 的证明方法.

欲证 $7n^2\neq m^2+1$ 且 $7n^2\neq m^2+2$，只需证明 m^2+1 与 m^2+2 不可能是 7 的整数倍.

任何自然数 m 均可表示为 $7k$ 或 $7k\pm1$，$7k\pm2$ 或 $7k\pm3$（$k\in\mathbf{N}$）.

若 $m=7k$，则 $m^2=(7k)^2=7\cdot(7k^2)\xlongequal{令\ 7k^2=M_1}7M_1$. 于是 $m^2+1=7M_1+1$，$m^2+2=7M_1+2$，它们都不是 7 的整数倍.

若 $m=7k\pm1$，则 $m^2=(7k\pm1)^2=7(7k^2\pm2k)+1\xlongequal{令\ 7k^2\pm2k=M_2}7M_2+1$，于是 $m^2+1=7M_2+2$，$m^2+2=7M_2+3$. 同样它们都不是 7 的整数倍.

若 $m=7k\pm2$ 或 $m=7k\pm3$，同样可以证明 m^2+1 与 m^2+2 也不是 7 的整数倍.

故命题 c' 成立. 根据前面的分析，再作定映、反演，就简单了.

5. 构造一个更强的命题

所谓比原命题更强的命题是指这样一种命题，它的结论是原命题结论的充分条件. 例如，设有：

命题Ⅰ：$f(x)>2$

命题Ⅱ：$f(x)>3$

由于 $f(x)>3$ 是 $f(x)>2$ 的充分条件，所以我们就说命题Ⅱ比命题Ⅰ更强. 又如：

命题Ⅲ：$f(x)$能被 2 整除

命题Ⅳ：$f(x)$能被 6 整除

两者相比较，命题Ⅳ更强. 因为 $f(x)$能被 6 整除，则就能保证它也能被 2 整除.

一般说来，更强的命题比原命题更难定映，甚至还有原命题为真，但比它更强的命题为假的情况. 遇有这种情况，我们当然不能用“构造更强的命题”的方法来实现化归. 然而，事情并不全然如此，我们从下面的举例中将会看到，确实存在更强的命题比原命题容易证明的情况，这时，上述构造方法就变得有意义了. 我们提出这种构造方法的目的，不是为了说明它是一种可以普遍采用的方法，而是为了指出它的存在，因而不要认为它是不可思议的，从而轻易放弃使用.

例 3.3.6　设数列 $a_0,a_1,a_2,\cdots$满足条件

$$a_0=\frac{1}{2},a_{k+1}=a_k+\frac{1}{n}a_k^2\quad(k=0,1,2,\cdots)$$

其中 n 是某个固定的自然数.

求证：$1-\frac{1}{n}<a_n<1$.

本例是 1980 年中学生国际数学竞赛中的一道题目.从出题者所提供的原始答案来看,其证明过程是相当繁杂的.苏淳(中国科技大学)曾对该题采取了大胆的处理方法,从而给出了一个简洁的证明.而这种处理方法,就是采用了如上所说的"构造更强的命题法".现在陈述如下:

考虑到直接证明 $1-\frac{1}{n}<a_n<1$ 非常困难,因而把 $1-\frac{1}{n}$ 略放大一点:

$$1-\frac{1}{n}=\frac{n-1}{n}<\frac{n}{n+1}<\frac{n+1}{n+2}<\cdots$$

我们取 $\frac{n+1}{n+2}<a_n$ 作为证明的目标.如此,就把原命题映射为一个更强的命题(1):

已知条件与原命题的已知条件相同.

求证:$\frac{n+1}{n+2}<a_n<1$.

根据上面的放大过程可知,把映象目标反演为原象目标是很容易的,所以只要命题(1)比原命题更易定映,那么上述构造就是有意义的.

现在我们来证明命题(1),但是由于结论中不含 k,因而很难使用已知条件 $a_{k+1}=a_k+\frac{1}{n}a_k^2$.为此,我们还需进一步运用构造法,把 $\frac{n+1}{n+2}<a_n<1$ 改造成含 k 的式子.

我们设计这样一个式子

$$\frac{n+1}{2n-k+2}<a_k<\frac{n}{2n-k} \tag{2}$$

来代替 $\frac{n+1}{n+2}<a_n<1$.

式(2)的巧妙之处在于如下两点:

①可以对 k 应用数学归纳法;

②当 $k=n$ 时,式(2)恰好为 $\frac{n+1}{n+2}<a_n<1$.

因此,最终需要我们定映的命题是:

已知条件与原命题的已知条件相同.

求证:$\frac{n+1}{2n-k+2}<a_k<\frac{n}{2n-k}$.

现用数学归纳法证明.由于我们只需证明 $k=n$ 时命题成立,所以

只要对 $0<k\leqslant n$ 应用数学归纳法.

当 $k=1$ 时,由于 $a_1=\frac{1}{2}+\frac{1}{n}\times\left(\frac{1}{2}\right)^2=\frac{2n+1}{4n}$,而

$$\frac{n+1}{2n-k+2}=\frac{n+1}{2n+1},\quad \frac{n}{2n-k}=\frac{n}{2n-1}$$

因为
$$\frac{n+1}{2n+1}<\frac{2n+1}{4n}<\frac{n}{2n-1}$$

所以命题成立.

设 $k<n$ 时命题成立,即有

$$\frac{n+1}{2n-k+2}<a_k<\frac{n}{2n-k}$$

那么当 $k+1\leqslant n$ 时,首先有

$$\begin{aligned}a_{k+1}&=a_k+\frac{1}{n}a_k^2=a_k\left(1+\frac{1}{n}a_k\right)\\&<\frac{n}{2n-k}\left(1+\frac{1}{n}\cdot\frac{n}{2n-k}\right)=\frac{n(2n-k+1)}{(2n-k)^2}\\&<\frac{n(2n-k+1)}{[(2n-k)-1][(2n-k)+1]}=\frac{n}{2n-k-1}\end{aligned}$$

又有

$$\begin{aligned}a_{k+1}&=a_k+\frac{1}{n}a_k^2>\frac{n+1}{2n-k+2}+\left(\frac{n+1}{2n-k+2}\right)^2\cdot\frac{1}{n}\\&=\frac{(n+1)(2n-k+1)}{(2n-k+2)(2n-k+1)}+\frac{(n+1)^2}{n(2n-k+2)^2}\\&=\frac{n+1}{2n-k+1}-\frac{n+1}{(2n-k+1)(2n-k+2)}+\frac{(n+1)^2}{n(2n-k+2)^2}\\&=\frac{n+1}{2n-k+1}+\frac{n+1}{2n-k+2}\left[\frac{n+1}{n(2n-k+2)}-\frac{1}{2n-k+1}\right]\\&=\frac{n+1}{2n-k+1}+\frac{n+1}{2n-k+2}\cdot\frac{n-k+1}{n(2n-k+2)(2n-k+1)}\\&>\frac{n+1}{2n-k+1}=\frac{n+1}{2n-(k+1)+2}\end{aligned}$$

所以

$$\frac{n+1}{2n-(k+1)+2}<a_{k+1}<\frac{n}{2n-(k+1)}$$

成立.

这表明命题

$$\frac{n+1}{2n-k+2}<a_k<\frac{n}{2n-k}$$

对一切 $1\leqslant k\leqslant n$ 都成立. 特别地，当 $k=n$ 时，

$$\frac{n+1}{2n-n+2}<a_n<\frac{n}{2n-n}$$

即

$$\frac{n+1}{n+2}<a_n<1$$

成立. 反演回去，所以有

$$1-\frac{1}{n}<\frac{n+1}{n+2}<a_n<1$$

成立.

四　归纳、类比、联想及其在化归中的作用

如所知，无论是一个成熟的数学分支，或者是一个已经获解的数学问题，都是通过演绎展开的. 但无论是考察某一数学分支的生成与发展过程，还是分析一个问题求解的过程，我们又发现，演绎推理主要是在人们得到真理之后，再补行的论证手续，因而演绎推理并不是发现和创新的重要手段. 对于寻找真理、发现真理和探索求解方案而言，更重要的是实验、观察、归纳、类比和联想等思想方法.

就以自然数序数理论来说吧，大家知道，它的整个体系是以皮亚诺(Peano)公理系统为基础，再用演绎方法建立起来的. 然而，皮亚诺公理系统的建立却是归纳的结果. 当然，这个归纳所得之结论是被亿万次实践所证实，并被公认了的. 笛卡儿建立坐标几何学的过程也是如此. 一方面，其全部理论是演绎展开的. 另一方面，作为整个理论的基础的横轴和原点(笛卡儿本人没有引入第二条坐标轴)以及平面上点与实数对的对应关系，都是类比推理的产物. 事实上，笛卡儿也是受到自古就有的天文和地理的经纬度的启发，才提出上述坐标和对应关系的.

在我们运用化归方法求解问题的过程中，归纳、类比和联想同样起着重要的作用. 读者可能已经发现，在前三章的许多实例及其求解过程中，我们已多次运用了归纳和类比推理. 在那里，它们从各个方面帮助我们确定化归方向，或发现证明方法并找到正确的求解途径.

例如，在证明柯西不等式

$$\left(\sum_{i=1}^{n}a_i^2\right)\cdot\left(\sum_{i=1}^{n}b_i^2\right)\geqslant\left(\sum_{i=1}^{n}a_ib_i\right)^2\quad(a_i,b_i\in\mathbf{R})$$

的许多方法中，有一种方法被称为构造函数法. 其证明要点是把原不

等式的关系结构映射成二次函数

$$f(x)=\sum_{i=1}^{n}a_i^2x^2-2\sum_{i=1}^{n}a_ib_ix+\sum_{i=1}^{n}b_i^2 \tag{1}$$

所表述的框架. 由于运用配方法很容易把式(1)变形为 $f(x)=\sum_{i=1}^{n}(a_ix-b_i)^2$，所以必有 $f(x)\geqslant 0$. 那么，其判别式

$$\Delta=4\left(\sum_{i=1}^{n}a_ib_i\right)^2-4\left(\sum_{i=1}^{n}a_i^2\right)\left(\sum_{i=1}^{n}b_i^2\right)\leqslant 0$$

于是原不等式获证. 然而，这一证明方法是如何被发现的呢？这正是运用联想推理的结果. 事实上，原不等式变形为

$$\left(\sum_{i=1}^{n}a_ib_i\right)^2-\left(\sum_{i=1}^{n}a_i^2\right)\cdot\left(\sum_{i=1}^{n}b_i^2\right)\leqslant 0$$

后，其左边与二次函数 $f(x)=ax^2+bx+c$ 的判别式 $\Delta=b^2-4ac$ 甚为相似，从而使我们产生了这样的联想：既然它们在关系结构上有共通的地方，那么能否把待证不等式左边当作某个二次函数的判别式呢？又能否通过研究函数来研究判别式呢？于是上述证明方法得以发现.

归纳、类比、联想都属于发现法的范畴，它们在概念上有明显的区别，但在求解问题时却又紧密相关而几乎不可分割. 归纳、类比、联想的互相配合和协同作战，构成了数学探索法的主干.

本章主要讨论分析归纳、类比和联想的意义及其在化归中的作用.

4.1 归纳的意义及其在化归中的作用

归纳法是由个别的特殊的事例推导出同一类事物的一般性结论的思想方法，其基础是观察与实践. 它是人类认识自然，总结生活、生产经验，处理科学实验材料的一种十分重要而又被普遍应用的思想方法. 流行于我国各地的农谚如“瑞雪兆丰年”“霜下东风一日晴”等，就是农民根据多年的实践经验进行归纳的结果. 物理学家、化学家的最基本的研究手段是实验和归纳. 例如物理学中的波义耳-马略特定律，化学中的门捷列夫元素周期表等，就都是运用归纳法发现真理的典型例证.

实验和归纳同样是数学家寻找真理和发现真理的主要手段. 如勾股定理，多面体的面数、顶点数、棱数公式，前 n 个自然数的立方和公

式，二项展开式和杨辉三角形等，无一不是观察、实验和归纳的结果. 欧拉说过“数学这门科学，同样需要观察、实验.”高斯也曾说过，他的许多定理都是靠归纳法发现的，证明只是一个补行的手续.

归纳法有完全归纳法和不完全归纳法(经验归纳法)之分.

完全归纳法亦称为“完全归纳推理”，这是根据某类事物中之每一事物都具有某种性质 P，推出该类事物中全部事物都具有该性质 P 的归纳推理方法.

例如，我们在 1.1 节中提到的费马素数问题中，如果费马对形如 $F_n=2^{2^n}+1$ 的数所做的猜想，修改为“当 n 取不大于 4 的非负整数时，形如 $F_n=2^{2^n}+1$ 的数必是素数”，则其推理方法就是完全归纳法. 因为费马已对 n 的一切可取值：0，1，2，3，4，都作了检验，即

$$F_0=3, F_1=5, F_2=17, F_3=257, F_4=65\ 537$$

从而这是在确知这 5 个数都是素数后所作的结论，因而该结论正确无误.

运用完全归纳法，前提必须包括某类事物中的一切对象，无一遗漏，而且作为前提的判断也必须是真实的. 所以完全归纳法得出的结论是真实可靠的.

不完全归纳法是通过对一类事物的部分对象的考察，从中作出有关这一类事物的一般性结论的猜想的方法. 它大致包含以下几个阶段：

观察、实践⟶推广⟶猜测一般性结论

不完全归纳法又可分为枚举归纳和因果归纳两类.

枚举归纳是以某个对象的多次重复作为判断根据的.

例如，我们可能碰巧看到

$$1+8+27+64=100$$

由于我们非常熟悉前几个自然数的平方和立方的数值，于是将上面的形式改变一下：

$$1^3+2^3+3^3+4^3=10^2=(1+2+3+4)^2$$

这个形式很有规律，实属偶然，还是确有这样的规律？不妨再试验一下：

$$1^3+2^3=9=3^2=(1+2)^2$$

$$1^3+2^3+3^3=36=6^2=(1+2+3)^2$$

再多取一些数试验一下:

$$1^3+2^3+3^3+4^3+5^3=225=15^2=(1+2+3+4+5)^2$$

于是猜想:大概有

$$1^3+2^3+\cdots+n^3=(1+2+\cdots+n)^2=\left[\frac{n(n+1)}{2}\right]^2$$

又如,我们同样能碰巧遇到这样的问题:

已知:$f(n)=n^2+n+11$.

求 $f(1),f(2),f(3),f(4),f(5),f(6),f(7),f(8)$.

计算后发现:

$$f(1)=13,f(2)=17,f(3)=23,f(4)=31$$

$$f(5)=41,f(6)=53,f(7)=67,f(8)=83$$

都是质数.于是猜想:大概当 n 取任意自然数时 $f(n)$ 都是质数.

再如,我们任意取一个大于 2 的自然数,反复进行下述两种运算:

(1)若是奇数,则将该数乘以 3 再加上 1;

(2)若是偶数,则将该数除以 2.

结果发现一个奇妙而有趣的现象,即其计算结果最终总是 1.

例如,对 3 反复进行这样的计算,有:

$$3\to10\to5\to16\to8\to4\to2\to1$$

又如,对 7 进行这样的计算,则有:

$$7\to22\to11\to34\to17\to52\to26\to13\to40\to$$

$$20\to10\to5\to16\to8\to4\to2\to1$$

我们还可对 27 进行同样的计算,发现经过 111 次计算,还是可以得到 1.

于是建立起了这样一个猜想:从任意的奇数出发,反复进行上述(1)(2)两种计算,最后必定得到 1.

这个猜想是由谁最先提出的,已搞不清楚了,它曾在许多个国家的数学研究所流传过,最后由角谷静夫教授传到日本,因此在日本这个猜想被称为角谷猜想.这个猜想后来被人们多次检验,发现对 7 000 亿以下的数都是正确的.

以上 3 例都是以某个现象的多次重复作为猜测根据的,所以都是枚举归纳的例子.

枚举归纳所作出的一般性的结论都是一种猜想，故其可靠性大有问题．事实上，我们很容易证明前述第一例的结论是正确的，而第二例的结论是错误的．至于第三例，则至今不知其结论正确与否．

因果归纳是把一类事物中部分对象的因果关系作为判断的前提而作出一般性猜想的推理方法．

例 4.1.1　试研究平面上 n 条直线最多能把平面分成多少个平面块．

既然是研究“最多”的情况，因此，我们有理由假定这 n 条直线中任何两条都相交，任何三条都不交于同一点．

我们设 $f(n)$ 为 n 条直线把一平面所能分成的最多的块数．现从 $n=1$ 开始，依次检验 $f(1)$、$f(2)$ 等．

$f(1)=2$．这是很明显的，因为一直线确实把平面分成两块．

$f(2)=4$．$f(2)$ 比 $f(1)$ 多了两块，这是什么原因？研究其因果关系，可作这样的解释：当平面内多添一直线 l_2 时[图 4-1(a)]，l_2 与 l_1 有一个交点，这个交点把 l_2 分成两段，每一段都把它所在的平面块（被 l_1 分开的）一分为二，这样就增加了两块．于是 $f(2)=f(1)+2$．

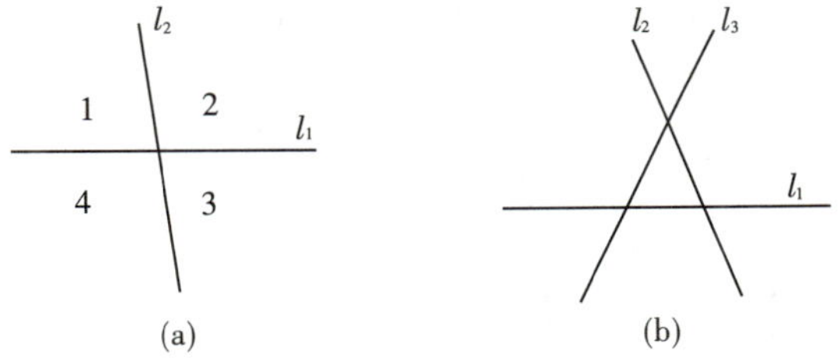

图 4-1

接着再研究 $f(3)$．通过具体计数知 $f(3)=7$．$f(3)$ 比 $f(2)$ 又多了 3 块．这是什么原因？再研究其因果关系，发现上面这种解释仍然适用：l_3 与 l_1，l_2 分别相交，因此 l_3 上共有两个交点，这两个交点把 l_3 分成 3 段．每一段把它所在的平面块（由 l_1，l_2 分割开的）一分为二，各增加一块，共增加 3 块．

于是猜想：$f(4)$ 应比 $f(3)$ 增加 4 块，一般地说 $f(n)$ 比 $f(n-1)$ 增加 n 块．即应有

$$f(n)=2+2+3+4+\cdots+(n-1)+n$$
$$=1+\frac{n(n+1)}{2}$$

上式所示仍然还是猜想，但这个猜想的依据不再纯粹是枚举归纳中所说的那种现象的多次重复，而在重复之中包含着事物间的某种因果联系.由于因果归纳所揭示的情况，可能比现象的多次重复所揭示的情况更接近于事物的本质，所以因果归纳建立起来的猜想要比枚举归纳所建立的猜想可靠得多.

在中学数学教学中，用因果归纳的方法揭示规律，得出结论的例子较多.例如，课本中等比数列的通项公式就是这样得到的：

“如果等比数列 $a_1, a_2, a_3, a_4, \cdots$ 的公比是 q，那么

$$a_2=a_1q, a_3=a_2q=a_1q^2, a_4=a_3q=a_1q^3, \cdots$$

由此可知，等比数列的通项公式是 $a_n=a_1q^{n-1}$.”

根据因果归纳所作猜想的可靠程度，主要决定于所揭示的因果关系是否接近于事物的本质，而并不完全依赖于现象的重复次数的多少.所以，因果归纳之成败，很大程度上取决于人们对现象的理解和分析.对同一个现象的不同的理解和分析，往往能导致不同的结果.因此，因果归纳成功之例固然不胜枚举，但失败之例也时有所见.

例如，当我们运用因果归纳法总结解题经验，寻找解决一类问题的“通法”时.就常会出现归纳失败的情况.试看一例.

例 4.1.2 求函数 $y=\dfrac{x}{x^2-x+1}$ 的值域，并总结寻求有理分函数值域的方法.

我们可能会使用下面的方法去求 y 的范围.

把解析式变形为关于 x 的方程：

$$yx^2-(y+1)x+y=0 \tag{1}$$

考虑到 x, y 都是实数，因而要使式(1)成立，只要使

$$\Delta=(y+1)^2-4y^2\geqslant 0$$

解这个不等式得

$$-\frac{1}{3}\leqslant y\leqslant 1$$

把这个结果与用其他方法求得的值域相比较，完全一致.这样我们确信所求得的结果是正确的.

不妨把这个方法叫作“Δ 法”，它与其他求有理分函数值域的方法比较，有程式固定、容易思考等优点，于是猜想：是否可以把它作为一

个求有理分函数值域的“通法”？为此对前面的求解过程进行认真分析，看是否有道理。我们发现，上述求解过程步步有据. 这样，我们就建立了一个信念：猜想是正确的. 为了更有把握一些，我们还可再进行几次实验. 很可能仍未发现什么足以引起疑虑的地方. 于是一个“通法”就这样建立起来了.

Δ 法是否真的是求一切有理分函数值域的“通法”呢？回答是否定的. 例如用 Δ 法求得函数 $y=\dfrac{x^2-x}{x-1}$ 的值域是区间 $(-\infty,+\infty)$，而事实上 $y\neq 1$. 这就说明“通法”在这里不再行得通. 再如，用 Δ 法也不能正确地求得有理分函数 $y=\dfrac{x^4-2}{x^2+1}$ 的值域. 足见上述归纳是失败的. 失败的原因何在？根子还在前面的“分析”上. 虽然在那儿似已做到步步有据，但由于一些隐蔽的制约关系，如原函数式与方程(1)的等价关系等未被揭示出来，所以此“据”并未涉及事物的本质，终于误入歧途.（当然，若对 Δ 法的适用范围加以一些限制，还是可以取得某种成效的.）

综上所述，无论是枚举归纳还是因果归纳，都是寻找真理和发现真理的重要手段. 但因它们都是不完全归纳，因而对其所作猜想，必须补行严格的证明，方能信以为真.

不完全归纳法之于化归，大致有如下两方面的作用：其一是探索化归的最终目标，发现问题的结论；其二是探索化归的方向，寻找解决问题的途径. 当然，这两方面的作用也只有与猜想紧密结合才能被发挥出来.

1. 用不完全归纳法发现问题的结论

一般地说，用不完全归纳法猜测问题的结论有两种形式：一是由特殊事物直接猜测结论；二是根据规律先猜测一个递推关系，然后凭借递推关系去发现结论. 当然，不论哪一种形式所得的结论，都必须补行严格的证明手续.

例 4.1.3　已知数列 $\{a_n\}$，$a_n=1+2+3+\cdots+n$. 数列 $\{b_n\}$ 是 $\{a_n\}$ 中那些 3 的倍数的项由小到大排列而成的数列.

(1)试用 k 表示 b_{2k-1} 和 b_{2k}；

(2)求 b_n 的前 $2m$ 项之和 S_{2m}.

要从题设直接求得 b_{2k-1} 和 b_{2k} 是困难的,因此我们使用不完全归纳法,先猜测结论,然后再有目的地寻找化归途径.

我们通过下表研究规律:

a_1	a_2	a_3	a_4	a_5	a_6	a_7	a_8	a_9	a_{10}	a_{11}	a_{12}	…
1	3	6	10	15	21	28	36	45	55	66	78	…
	↓ b_1	↓ b_2		↓ b_3	↓ b_4		↓ b_5	↓ b_6		↓ b_7	↓ b_8	…

我们发现 b_n 中的偶数项即 $b_2, b_4, b_6, b_8, \cdots$ 恰是 a_n 中序号是 3 的倍数的项,而奇数项 $b_1, b_3, b_5, b_7, \cdots$ 则是 a_n 中序号比 3 的倍数少 1 的项.

于是猜想 $b_{2k}=a_{3k}, b_{2k-1}=a_{3k-1}$,即有

$$b_{2k}=1+2+3+\cdots+3k=\frac{3k(3k+1)}{2}$$

$$b_{2k-1}=1+2+3+\cdots+(3k-1)=\frac{3k(3k-1)}{2}$$

有了结论,问题就解决了一半,剩下的工作又是补行证明手续.

由 a_n 的序号 n,按能否被 3 整除而分类,只有三类情况:$3k-2$, $3k-1$, $3k(k\in\mathbf{N})$. 所以我们只需考察 $a_{3k-2}, a_{3k-1}, a_{3k}$ 这三类情况,证明 a_{3k-2} 不是 3 的倍数,而 a_{3k-1}, a_{3k} 是 3 的倍数.

证明 (1)因为

$$\begin{aligned}a_{3k-2}&=1+2+3+\cdots+(3k-2)\\&=\frac{(3k-1)(3k-2)}{2}\end{aligned}$$

而 3 与 $3k-1, 3k-2$ 均互质,又 3 是质数,所以 $(3k-1)(3k-2)$ 不是 3 的整数倍,a_{3k-2} 不可能是 b_n 中的项.

(2)因为

$$a_{3k-1}=\frac{3k(3k-1)}{2}$$

而 $3k(3k-1)$ 是 6 的整数倍,所以 $\frac{3k(3k-1)}{2}$ 是 3 的整数倍,a_{3k-1} 是 b_n 中的项.

(3)同理可证 a_{3k} 也是 b_n 中的项.

再由于 b_n 是一个递增数列,而

$$a_{3k-1}<a_{3k}$$

所以
$$b_{2k-1}=a_{3k-1}=\frac{3k(3k-1)}{2}$$

$$b_{2k}=a_{3k}=\frac{3k(3k+1)}{2}$$

证明了上述结论，对于第(2)小题中的 S_{2m} 就容易求了，从略.

这是一个由规律直接猜测结论的例子.

例 4.1.4 下表由若干行数字组成，从第二行起，每一行中的数字均等于其肩上两数之和，表中最下面的一排仅为一个数. 试求这个数.

1,2,3,4,5,…,1 984,1 985,1 986,1 987

3,5,7,9,…,3 969,3 971,3 973

8,12,16 ,…,7 940,7 944

20,28 ,…,15 884

…

我们首先研究数表的规律. 数表所揭示的规律虽多，却没有一个能帮助我们直接猜测出目标. 因此，我们把注意力集中到猜测行与行之间的关系上，以期建立一个递推关系.

行与行之间同样显示着多种规律，经过取舍，得知下述规律有利于我们建立递推关系.

首先，从第二行起，每一行数字的个数都比它上面的一行的个数少 1. 由于第一行有 1 987 个数，而最下面一行仅 1 个数，所以这个数表共有 1 987 行. 这是规律之一.

其次，数表中的每一行都是一个等差数列. 第一行数列的公差为 1，第二行数列的公差为 2，第三行数列的公差为 2^2，第四、五……行数列的公差依次为 2^3，2^4，…因而猜测第 1 986 行的两数之差应为 $2^{1\,985}$. 这是规律之二.

根据上述两个规律，我们便可建立起相邻两行的左起第 1 数之间的递推关系.

设第 1 986 行第 1 数为 $a_{1\,986}$，则这一行的第 2 数便为 $a_{1\,986}+2^{1\,985}$. 于是根据数表构造规则，可知第 1 987 行即最下面的一排的数应为

$$a_{1\,987}=2a_{1\,986}+2^{1\,985}$$

估计这个关系也适用于其他相邻两行的第1数，因而我们猜测数表中任意相邻两行的第1数之间应有关系

$$a_n=2a_{n-1}+2^{n-2}\quad (2\leqslant n\leqslant 1\,987, n\in \mathbf{N})$$

假如这个递推关系是正确的，那么我们便可根据 $a_1=1$ 这个起始条件，凭借递推式求出 a_n，并具体求出 $a_{1\,987}$.

至此，一条通向目标的道路已展现在我们面前，只需补行下列手续就可求得结论：

(1)证明第 n 行的等差数列的公差是 2^{n-1}；

(2)证明递推关系 $a_n=2a_{n-1}+2^{n-2}$（其中 a_n 和 a_{n-1} 分别为自上至下第 n 行与第 $n-1$ 行的左起第1数）；

(3)由 a_1 和递推式求 a_n，进而求 $a_{1\,987}$.

对于(1)和(2)，根据数表的构造方法，用数学归纳法等方法甚易证明，不再赘述. 现把(3)的求解过程简述如下：

$$a_n=2a_{n-1}+2^{n-2}$$

$$2a_{n-1}=2(2a_{n-2}+2^{n-3})=2^2a_{n-2}+2^{n-2}$$

$$2^2a_{n-2}=2^2(2a_{n-3}+2^{n-4})=2^3a_{n-3}+2^{n-2}$$

$$\cdots$$

$$2^{n-2}a_2=2^{n-2}(2a_1+2^0)=2^{n-1}a_1+2^{n-2}$$

把以上所有等式的左右两边分别相加得

$$\begin{aligned}a_n&=2^{n-1}\cdot a_1+(n-1)\cdot 2^{n-2}\\&=2^{n-1}+(n-1)\cdot 2^{n-2}\end{aligned}$$

故 $$a_{1\,987}=2^{1\,987-1}+(1\,987-1)\times 2^{1\,987-2}=1\,988\times 2^{1\,985}$$

即数表最下面一行的这个数为 $1\,988\times 2^{1\,985}$.

2. 用不完全归纳法发现解决问题的途径

我们在第一章中曾列举了许多例子说明这样一个道理：一般情况下，特殊的事物比一般的事物容易认识和容易处理. 在本节中，我们又看到了由特殊数据归纳出一般结论的思想方法在化归中的作用. 这就使我们有理由相信，我们同样能用不完全归纳法，从特殊问题的处理方法中归纳出一般问题的处理方法，即发现解决一般问题的途径. 其实，这样一种想法并不是什么新东西，它同数学本身一样古老，只是到

了近代才被明确地承认和应用.我们在前面曾说过,在一定的历史阶段中,公理本身就是归纳的结果,作为经典方法的"三段论"推理法又何尝不是归纳的结果呢?

例 4.1.5　已知:$a_i \geqslant 0 (i=1,2,\cdots,n)$且

$$a_1+a_2+\cdots+a_n=1$$

求证:$1\leqslant \sqrt{a_1}+\sqrt{a_2}+\cdots+\sqrt{a_n}\leqslant \sqrt{n}$.

这是一个一般性的问题.假如我们一时找不到证明方法,不妨从特殊情形入手,研究并发现规律,再推广到一般.

先证明其特殊情形:

已知 $a_1,a_2\geqslant 0,a_1+a_2=1$,求证

$$1\leqslant \sqrt{a_1}+\sqrt{a_2}\leqslant \sqrt{2}$$

由于在 $a_1,a_2\geqslant 0$ 的条件下欲证

$$1\leqslant \sqrt{a_1}+\sqrt{a_2}\leqslant \sqrt{2} \tag{1}$$

则只需证

$$1\leqslant a_1+a_2+2\sqrt{a_1a_2}\leqslant 2$$

即要证

$$1-(a_1+a_2)\leqslant 2\sqrt{a_1a_2}\leqslant 2-(a_1+a_2) \tag{2}$$

也就是要证

$$0\leqslant 2\sqrt{a_1a_2}\leqslant 1 \tag{3}$$

而式(3)的证明甚易,只需运用二元平均值不等式

$$0\leqslant 2\sqrt{a_1a_2}\leqslant a_1+a_2=1$$

即可获证.所以原不等式的特殊情形,即式(1)也就获证.

我们试着把上述特殊情形的证明方法推广到一般.

仿照上述证明方法,我们知道,证明不等式

$$1\leqslant \sqrt{a_1}+\sqrt{a_2}+\cdots+\sqrt{a_n}\leqslant \sqrt{n}$$

的关键是证明

$$1\leqslant (\sqrt{a_1}+\sqrt{a_2}+\cdots+\sqrt{a_n})^2\leqslant n$$

仿照上述不等式(2),我们又知道,证明上式的关键是证明不等式

$$\begin{aligned}&1-(a_1+a_2+\cdots+a_n)\\&\leqslant 2\sum_{1\leqslant i<j\leqslant n}\sqrt{a_ia_j}\leqslant n-(a_1+a_2+\cdots+a_n)\end{aligned} \tag{4}$$

仿照式(3),进而知只需证明

$$0\leqslant 2\sqrt{a_ia_j}\leqslant a_i+a_j \tag{5}$$

而式(5)是显然成立的.因而,我们只需把一切满足 $1\leqslant i<j\leqslant n$ 的同向不等式(5)相加便得

$$0\leqslant 2\sum_{1\leqslant i<j\leqslant n}\sqrt{a_ia_j}\leqslant(n-1)(a_1+a_2+\cdots+a_n)$$

利用 $a_1+a_2+\cdots+a_n=1$,我们很容易把上式转化为(4),接着再根据上述分析过程,逆着推上去,便可证明原不等式.

本例之所以想到采用这样的证明方法(本例的证明方法不止这一种,不再赘述)乃是归纳了特殊问题之证明方法的结果.这种归纳属因果归纳.此外,本例的证明方法还有这样一个特点,就是基本上原封不动地沿用了特殊问题的证明方法.但这并不是用不完全归纳法归纳发现证明途径的本质.我们只强调了"受到启发",至于全部沿用,还是局部模仿,对于化归来说并没有什么不同.

例 4.1.6 证明任意大于 7 的整数一定可用若干个 3 与若干个 5 相加得到("若干个"包括零个).

我们用数学归纳法证明之.

(1)当整数取 $8>7$ 时,由于 $8=3+5$,所以命题成立.

(2)设整数 $k(k\geqslant 8)$可由若干个 3 和若干个 5 连加而成.

那么,如何证明整数取 $k+1$ 时命题也成立呢?这是本例的难点,而且是关键.为此我们仍从特殊情形入手,归纳出证明一般性结论的方法.由于我们现在需要知道的是 k 向 $k+1$ 推导的方法,因此我们研究特殊情形时,应着重研究由特殊数值推导出其后继数命题也成立的方法.

先考察如何由 $8=3+5$,推导出 $8+1$ 命题也成立的.

由于 $8=3+5$,所以 $8+1=3+5+1=3+(3+3)$.

再多观察几个数的推导情况.

当 $9=3+3+3$ 时,$9+1=3+3+3+1=10=5+5$.

当 $10=5+5$ 时,$10+1=5+5+1=5+6=5+(3+3)$.

我们发现,当整数分成若干个 3 与若干个 5 相加时,若 5 的个数不为零,则把 $5+1$ 换成 $3+3$,便可得证;若 5 的个数为零,则可用 $3+3+3+1=5+5$ 获证.这就启发我们可用下面的方法实现 k 向 $k+1$ 的推导.

设 $k=\underbrace{3+3+\cdots+3}_{m\text{个}}+\underbrace{5+5+\cdots+5}_{n\text{个}}$.

当 $n\neq 0$ 时，

$$\begin{aligned}k+1&=\underbrace{3+3+\cdots+3}_{m\text{个}}+\underbrace{5+5+\cdots+5}_{n\text{个}}+1\\&=\underbrace{3+3+\cdots+3}_{m\text{个}}+\underbrace{5+5+\cdots+5}_{(n-1)\text{个}}+(5+1)\\&=\underbrace{3+3+\cdots+3}_{m\text{个}}+\underbrace{5+5+\cdots+5}_{(n-1)\text{个}}+3+3\end{aligned}$$

命题得证.

当 $n=0$ 时，由于 $k\geqslant 8$，$k+1\geqslant 9$，所以 $m\geqslant 3$，

$$\begin{aligned}k+1&=\underbrace{3+3+\cdots+3}_{m\text{个}}+1\\&=(3+3+3+1)+\underbrace{3+3+\cdots+3}_{(m-3)\text{个}}\\&=(5+5)+\underbrace{3+3+\cdots+3}_{(m-3)\text{个}}\end{aligned}$$

命题同样得证.

由(1)和(2)知，命题成立.

4.2　类比的意义及其在化归中的作用

1. 类比的意义

类比推理是根据两个不同的对象，在某些方面(如特征、属性、关系等)的类同之处，猜测这两个对象在其他方面也可能有类同之处，并作出某种判断的推理方法. 和归纳推理一样，类比推理也在生产、生活和科学实践中有着广泛而普遍的应用. 它同样是发明或发现真理的重要手段. 传说春秋时代鲁国的公输班发明锯子，乃是受到齿形草能割破行人之腿一事的启发. 不管历史上是否确有其事，但从思维过程来看，这也确是运用类比推理的一例. 在这个例子中，存在着两个不同的对象，一个是齿形草，一个是公输班脑子中设想的能“锯”开木材的工具. 它们在功能上是类似的，因而猜测形状上也应类同. 这种仿照生物

机制的类比，到了近代，便发展成了一门新兴的学科，即所谓近代仿生学. 例如，潜水艇的设计思想来自鱼类在水中浮沉之生物机制的类比，而蜜蜂的太阳偏光定向的功能，启发人们制造了航海偏光天文罗盘. 诸如此类，都是近代仿生学的成果，也都是类比推理的应用.

在数学中，类比推理同样是发现概念、方法、定理和公式的重要手段，甚至是开拓新领域和创造新分支的重要手段.

下文将通过对梯形面积公式和棱台体积公式的逻辑分析说明数学中之类比推理的特点.

先比较梯形与棱台(四棱台)的类同之处.

梯形	棱台(四棱台)
上、下底平行	上、下底面平行
另外两边不平行	另外四个面不平行
两腰延长后交于一点	四个侧面伸展后交于一点
中位线平行于上、下底	中截面平行于上、下底面

以上只是简单地比较，有了这种简单的比较，我们已能感觉到梯形和四棱台有相似之处，从而能使我们建立起某种联想，并作出某种猜测. 但为使判断有更大的可信度，不妨再作进一步的分析和类比.

从生成的角度分析，梯形可以认为是用平行于三角形一边的直线截去一个小三角形后得到的. 若这个三角形面积一定，那么梯形的面积便决定于平行线与底边的距离. 而棱台则可认为是用平行于棱锥底面平面截去一个小棱锥后得到的. 若原棱锥体积不变，则棱台的体积便决定于截面到底面的距离.

作了上述简单的比较和深入的分析后，我们发现，梯形的一维元素(边、线段)之间的关系，与棱台的二维元素(面)之间的关系有许多共同的地方，但二者的高是例外. 因此，我们猜测在梯形的面积(二维)与棱台的体积(三维)之间也可能存在着某种共同的因素，而且这种共同的因素可能会在下述两个方面体现出来：

(1)求梯形面积的方法与求棱台的体积的方法是类同的；

(2)面积公式与体积公式是类同的.

上述(1)是十分明显的，只需对(2)做一分析.

由于梯形面积公式 $S=\frac{h(a+b)}{2}$(其中 a，b 分别表示梯形上、下底的长度，而 h 表示高）是用一维元素（边与高）表示二维元素的形式，因此，我们按照上述分析知，棱台的三维元素（体）应该可用二维元素（面）来表示（但如前所说，高是例外）. 那么是否应是 $V=\frac{H(S_1+S_2)}{2}$（其中 V，H 分别表示棱台的体积和高，S_1，S_2 分别表示上、下底面积）呢？这样的猜测有两点不合"情理"的地方：其一，是公式中的元素个数没有体现出"三维"与"二维"的差别；其二，是由于 S 是二维，而 V 是三维，但其公式之结构却完全相同，这至少给人以一种不协调之感. 一个理想的体积公式的形式理应是

$$V=\frac{H(S_0+S_1+S_2)}{3}$$

假如如此融洽、和谐的形式还是不正确，我们在"感情"上是难以接受的. 当然，这一切都不过是猜想，正确与否，有待于证明.

事实上，上述猜测是正确的，我们用分割棱锥体积的办法，所求得的棱台体积公式的形式也确是如此. 其中 S_0 是中截面面积.

通过上例的分析可知，数学中的类比有这样几个特点：

(1)类比意义中所说的"类同"点，既可通过表面形式的观察而得到，也可通过仔细的分析而获得. 当然，后者更为重要.

(2)由类比而产生的联想，必须"合情"，也就是说，联想必须兼顾类同点和相异点所反映的关系. 如在上例中，我们凭借类同点，猜测梯形面积公式与棱台体积公式应有某种相似的结构，同时又要顾及公式中如何反映出维数上的差别. 也正是这样的兼顾，才能使类比与联想更接近事实.

(3)类比与归纳一样，也是一种"合情"推理，其结论之正确与否，必须经过严格的证明. 大家知道，如果我们单凭外形的类比，而把乘法对加法的分配律 $a(b+c)=ab+ac$ 类推到 $\lg(b+c)$ 或 $\sin(B+C)$ 的运算中去，从而得出

$$\lg(b+c)=\lg b+\lg c, \sin(B+C)=\sin B+\sin C$$

那是十分荒谬的. 这既说明类比推理有其不可靠的一面，同时又说明了如(1)中所述，运用分析的方法去发现类同之处的重要性. 刚才所说的这种错误运算，正是不加分析的结果. 事实上，只需稍作分析，便知 a 与 $(b+c)$ 是相乘的关系，而 $\lg(b+c)$ 则是"$b+c$ 的对数"，两者毫无

类同之处，运算方法当然也就不可类比了.

人们在习惯上，往往把特殊与一般的比较也称为类比. 例如，把分数的性质类推到分式之中，等等. 虽然这种类比与我们前面所说的类比在确定化归方向上有相似的作用，但“类比”作为逻辑学中的专门术语而言，二者有质的差别. 逻辑学中所说的“类比”是一种从特殊到特殊的推理方法，并且进行类比的两个对象之间没有从属关系. 但在这里，由于分数是分式的特例，因而是把具有从属关系的两个对象作了类比，也就是特殊与一般的比较. 实际上，我们在第一章中已经对这种类比作过详细介绍，因而在本节中就不再多加论述，而着重讨论逻辑学中所说的类比.

2. 类比与归纳的关系

类比与归纳在意义上的差别是很明显的. 然而在发现真理，或者在确定化归方向的过程中，要截然把二者的作用区分开来，却是不大容易的. 原因在于它们常常交融在一起，协同完成寻找和发现真理的任务.

例如，我们在证明了

若 $a, b>0, a+b=1$，则

$$\left(a+\frac{1}{a}\right)\left(b+\frac{1}{b}\right)\geqslant\frac{25}{4}=\left(2+\frac{1}{2}\right)^2 \tag{1}$$

后，可能会产生这样的联想：对于三个正数 a, b, c 而言，若有 $a+b+c=1$，能否会有不等式

$$\left(a+\frac{1}{a}\right)\left(b+\frac{1}{b}\right)\left(c+\frac{1}{c}\right)\geqslant\left(3+\frac{1}{3}\right)^3 \tag{2}$$

成立？

可以证明，不等式(2)是成立的，于是进而联想：若 $a, b, c, d\in\mathbf{R}_+$，$a+b+c+d=1$，则不等式

$$\left(a+\frac{1}{a}\right)\left(b+\frac{1}{b}\right)\left(c+\frac{1}{c}\right)\left(d+\frac{1}{d}\right)\geqslant\left(4+\frac{1}{4}\right)^4 \tag{3}$$

也可能成立，由于不等式(3) 同样可以得到证明，我们就会很自然地作这样的猜想：若 $a_i>0(i=1,2,\cdots,n)$，$\sum\limits_{i=1}^{n}a_i=1$，则不等式

$$\prod_{i=1}^{n}\left(a_i+\frac{1}{a_i}\right)\geqslant\left(n+\frac{1}{n}\right)^n \tag{4}$$

一般说来也应成立.

事实上,不等式(4)也是正确的,我们可以用初等方法给出证明,因已偏离了本节的内容,从略.

考察不等式(1)→(2)→(3)的推理过程,这是类比联想的结果,而不等式(4)却是归纳了(1)(2)(3),并把它们推广到一般的结果.由此说明类比与归纳是互相配合,并且协同作战的.同时也表明,类比可以作为归纳的基础.反过来,我们通过下面一些熟知的例子阐明归纳可以引起联想,进而推动我们去进行类比.

试观察下面几个数列求和的方法:

$$
\begin{aligned}
S_{n_1}&=\frac{1}{1\times2}+\frac{1}{2\times3}+\frac{1}{3\times4}+\cdots+\frac{1}{(n-1)\cdot n}\\
&=\left(1-\frac{1}{2}\right)+\left(\frac{1}{2}-\frac{1}{3}\right)+\left(\frac{1}{3}-\frac{1}{4}\right)+\cdots+\left(\frac{1}{n-1}-\frac{1}{n}\right)\\
&=1-\frac{1}{n}
\end{aligned}
$$

$$
\begin{aligned}
S_{n_2}&=\frac{1}{3\times7}+\frac{1}{7\times11}+\frac{1}{11\times15}+\cdots+\frac{1}{(4n-1)(4n+3)}\\
&=\frac{1}{4}\left(\frac{1}{3}-\frac{1}{7}\right)+\frac{1}{4}\left(\frac{1}{7}-\frac{1}{11}\right)+\frac{1}{4}\left(\frac{1}{11}-\frac{1}{15}\right)+\cdots+\\
&\quad\ \frac{1}{4}\left(\frac{1}{4n-1}-\frac{1}{4n+3}\right)\\
&=\frac{1}{4}\left(\frac{1}{3}-\frac{1}{4n+3}\right)\\
&=\frac{n}{3(4n+3)}
\end{aligned}
$$

这两个数列的共同特点是分母均为一个等差数列的连续两项之积,而且除首末两项外,其余各项都在分母中连续出现两次.它们之求和方法的共同特点是把每一项拆成两项之差,使之在求和时抵消了大部分的项而只剩下少数几项,最后求这少数几项之和差.

根据以上特点,我们用因果归纳法很容易作如下的猜想:

对于数列

$$\frac{1}{a_1a_2},\frac{1}{a_2a_3},\cdots,\frac{1}{a_{n-1}\cdot a_n} \tag{1}$$

而言,若 $a_1,a_2,a_3,\cdots,a_n$ 是公差为 d 的等差数列,则均可按上述方法来求式(1)之和.

事实上，由于

$$S_{n_3}=\frac{1}{a_1a_2}+\frac{1}{a_2a_3}+\frac{1}{a_3a_4}+\cdots+\frac{1}{a_{n-1}\cdot a_n}$$

$$=\frac{1}{d}\left(\frac{1}{a_1}-\frac{1}{a_2}\right)+\frac{1}{d}\left(\frac{1}{a_2}-\frac{1}{a_3}\right)+\frac{1}{d}\left(\frac{1}{a_3}-\frac{1}{a_4}\right)+\cdots+$$

$$\frac{1}{d}\left(\frac{1}{a_{n-1}}-\frac{1}{a_n}\right)$$

$$=\frac{1}{d}\left(\frac{1}{a_1}-\frac{1}{a_n}\right)$$

$$=\frac{1}{d}\cdot\frac{a_n-a_1}{a_1a_n}$$

所以上述猜想是正确的.

数列(1)求和之关键是把每一项分裂为两数之差，使大部分加数得以抵消. 而在我们已经掌握的知识中，把两数积分裂为两个数之差的例子并不少见，如 $\sin\alpha\cdot\sin\beta=\frac{1}{2}[\cos(\alpha-\beta)-\cos(\alpha+\beta)]$就是其中一例. 这就使我们产生了这样的联想，是否能利用这些"积变差"的性质，求相应数列之和？当然，我们不能疏忽上述关键中的另一点，使大部分的项得以抵消.

试求和

$$S_n=\sin x+\sin 2x+\sin 3x+\cdots+\sin nx \quad (x\neq k\pi, k\in\mathbf{Z}) \tag{2}$$

首先，我们要为运用上述方法创造一个类似的条件，将上面每一个加数均变成两个数的乘积. 这很容易办到，例如，将式(2)的两边同时乘以 $\sin x$ 或 $\sin\frac{x}{2}$等即可. 其次，我们再考察将每项"积化差"后是否能使大部分项得以抵消，这就不很容易了，经过数次试验，我们发现选用 $\sin\frac{x}{2}$作乘数能够达到目的. 于是有

$$\sin\frac{x}{2}\cdot S_n$$

$$=\sin\frac{x}{2}\cdot\sin x+\sin\frac{x}{2}\cdot\sin 2x+\sin\frac{x}{2}\cdot\sin 3x+\cdots+$$

$$\sin\frac{x}{2}\cdot\sin nx$$

$$=\frac{1}{2}\left(\cos\frac{x}{2}-\cos\frac{3x}{2}\right)+\frac{1}{2}\left(\cos\frac{3x}{2}-\cos\frac{5x}{2}\right)+$$

$$\frac{1}{2}\left(\cos\frac{5x}{2}-\cos\frac{7x}{2}\right)+\cdots+\frac{1}{2}\left(\cos\frac{2n-1}{2}x-\cos\frac{2n+1}{2}x\right)$$

$$=\frac{1}{2}\left(\cos\frac{x}{2}-\cos\frac{2n+1}{2}x\right)$$

$$=\sin\frac{nx}{2}\cdot\sin\frac{(n+1)x}{2}$$

所以

$$S_n=\frac{\sin\frac{nx}{2}\cdot\sin\frac{(n+1)x}{2}}{\sin\frac{x}{2}}$$

上面两个例子说明，归纳与类比总是密切联系并交替使用的. 同时也说明，要用好类比推理，必须要有丰富的知识与联想的能力. 知识与想象力越丰富，可供类比的题材就越多，形成新命题，发现新方法的机会也越多.

3. 类比在化归中的作用

由前所论，我们对类比推理在数学中的作用已有一个初步的了解. 总的来说，它是一种创造性较强而可靠性较弱的推理方法. 我们应最大限度地发挥其创造性作用，而用严格论证的方法克服其可靠性较弱的缺点. 具体地说，类比推理的创造性作用体现在以下两个方面：

发现新的命题，直至发现新的数学领域；

发现解决问题的途径与方法.

此外还应指出，类比推理在数学教学中的作用也是不可忽视的. 类比，可以十分有效地使学生接受新知识，同时，类比又是帮助学生梳理与巩固旧知识的常用方法. 那么类比推理在化归中能起到什么作用呢？

如所知，实现化归的主要困难在于如何确定化归方向，而化归方向的确定又主要体现在确定未知目标与确定解题途径这两点上. 试把这两点与上述类比的创造性作用相对照，即可知类比推理恰是确定化归方向的一把钥匙. 也就是说，类比推理之于化归，一可帮助我们确定未知目标，二可帮助我们寻找解决问题的途径. 当然，我们这样讲，丝毫没有贬低前节中所说的归纳和下节所要讨论之联想对于化归的作用.相反地,正是归纳、类比和联想的有机结合,才使我们的化归方法更为完善.

(1)运用类比法预测未知目标从而实现化归

用类比法预测未知目标的关键是寻找或模拟一个比原问题简单或熟悉的类比对象.我们可以通过对类比对象的未知目标的研究,来猜测原问题的未知目标.未知目标一旦被确定,化归的途径也就大致确定了.

例 4.2.1 空间 n 个平面最多能把空间分割成几个部分(每部分不重复)?

由于考虑的是"最多"的情况,因此我们可以假设这 n 个平面每两个都相交,而不必考虑平行的情况.但是解决问题的途径还是茫然无绪.为此,我们运用类比法,试着先预测结论,然后根据结论去寻找解决问题的途径.

第一步,寻找一个类比对象.

由于空间与平面有许多可供类比的内容,而平面内的问题一般又较空间问题简单一点,因而我们采用降维的方法,到平面内去寻找一个类比对象,即将原问题中的 n 个平面(二维)降为 n 条直线(一维),将原问题中所求"把空间分成几个部分"降为"把平面分成几块".这样,下述问题①就成了一个原问题的类比对象:

问题①:平面内 n 条直线,最多可把平面分成多少块?

第二步,对两个类比对象作类比分析.

问题①的结论是我们所熟知的,即平面内 n 条直线最多能把平面分成$\frac{n^2+n+2}{2}$个平面块.那么由此如何预测出原问题的结论呢?试把原问题和问题①做如下的比较(见下表).

问题①	n 条直线 (一维)	分割平面 (二维)	分割所得块数 $f(n)=\frac{n^2+n+2}{2}$ (n 的二次式)
原问题	n 个平面 (二维)	分割空间 (三维)	分割所得部分数 ?

第三步,建立猜想.

经过表中两个类比对象之维数的比较,我们不难做出这样的猜想：空间被 n 个平面分割所得部分数应是一个 n 的三次式 $\phi(n)$，而且估计 $\phi(n)$ 的分母是 3.

那么，具体地说 $\phi(n)$ 是怎样的三次式呢？我们进一步探索.

设 $\phi(n)=\dfrac{an^3+bn^2+cn+d}{3}$，其中 a,b,c,d 都是待定系数.

我们用具体实验与计数的方法把上述待定的系数确定下来.

由于一个平面最多把空间分成两部分，因此

$$\phi(1)=\frac{a+b+c+d}{3}=2 \tag{1}$$

而两个平面最多能把空间分成四部分，所以又有

$$\phi(2)=\frac{a\cdot 2^3+b\cdot 2^2+c\cdot 2+d}{3}=4 \tag{2}$$

同样可得

$$\phi(3)=\frac{a\cdot 3^3+b\cdot 3^2+c\cdot 3+d}{3}=8 \tag{3}$$

$$\phi(4)=\frac{a\cdot 4^3+b\cdot 4^2+c\cdot 4+d}{3}=15 \tag{4}$$

解式(1)～(4)可得

$$a=\frac{1}{2},b=0,c=\frac{5}{2},d=3$$

所以

$$\phi(n)=\frac{\frac{1}{2}n^3+\frac{5}{2}n+3}{3}=\frac{1}{6}(n^3+5n+6)$$

至此，$\phi(n)$的具体解析式被确定下来了，也就是说原问题的结论被预测出来了. 接着要做的事情是判断这个预测的结果是否正确，该项工作可用数学归纳法来完成(留给读者自行处理).

本例的分析讨论表明，对这一类问题，用预测未知目标的方法来实现化归是十分有效的. 而用类比法发现未知目标从而实现化归的过程，大致有四个步骤，如图 4-2 所示.

(2)运用类比法寻求解决问题的途径和方法

大家都知道"触类旁通"的含义，其意思基本上也就是用类比法去寻求解决问题的途径和方法. 也就是说，当我们直接思考某个问题而难于找到正确解决途径时，不妨从原来的思路中解脱出来，从旁思考

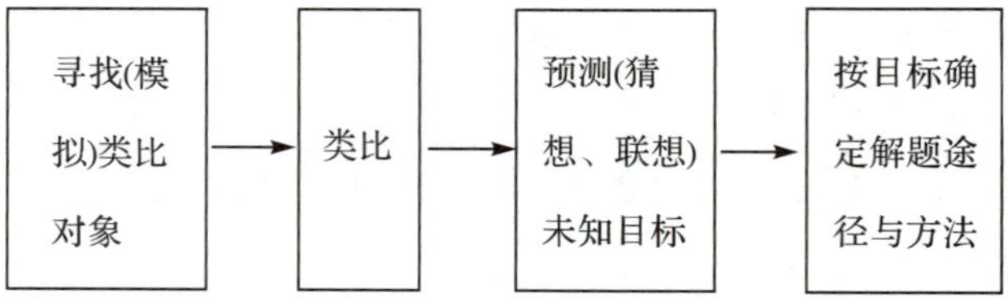

图 4-2

一些与之类似的问题，看看能否由此受到一些启发. 当然，与一般意义下的“触类旁通”相比，数学中“触类”更强调两个类比对象的分析，特别是抽象分析.

例 4.2.2 设 $\alpha>2$，给定数列 $\{x_n\}$. 其中 $x_1=\alpha$，$x_{n+1}=\dfrac{x_n^2}{2(x_n-1)}$ $(n=1,2,3,\cdots)$.

求证：(1) $x_n>2$ 且 $\dfrac{x_{n+1}}{x_n}<1$；

(2) 如果 $\alpha\leqslant 3$，那么 $x_n\leqslant 2+\dfrac{1}{2^{n-1}}$；

(3) 如果 $\alpha>3$，那么 $n\geqslant\dfrac{\lg\dfrac{\alpha}{3}}{\lg\dfrac{4}{3}}$ 时，必有 $x_{n+1}<3$.

本例为 1984 年全国高校招生考试理科数学试题.

第(1)小题用数学归纳法证明甚易.

第(2)小题有多种证法，现在让我们用类比法去寻求证明途径.

首先寻找一个类比对象，最容易想到的类比对象是等式

$$x_n=2+\frac{1}{2^{n-1}}$$

再考察两个类比对象，即不等式

$$x_n\leqslant 2+\frac{1}{2^{n-1}} \tag{1}$$

与等式

$$x_n=2+\frac{1}{2^{n-1}} \tag{2}$$

之间的关系，并研究它们之间的相同或相似的性质. 这两个式子在数量和关系结构上的相似之处是明显的，但对类比而言，更重要的是形式的相似所揭示的本质. 那么，就本例而言，所说的本质是什么呢？那

就是两个数列具有相似的递推关系，正是这一点才给我们接着要进行的，把(2)的处理方法类推到(1)打下了基础.

接着对等式 $x_n=2+\frac{1}{2^{n-1}}$ 进行研究，我们发现，只需将它稍作变形：

$$x_n-2=\frac{1}{2^{n-1}}$$

便知数列 $\{x_n-2\}$ 是一个以 1 为首项，$\frac{1}{2}$ 为公比的等比数列. 它具有性质

$$x_n-2=(x_{n-1}-2)\cdot\frac{1}{2}$$

联想：既然不等式(1)与等式(2)有相似的递推关系，那么不等式(1)同样变形为

$$x_n-2\leqslant\frac{1}{2^{n-1}}$$

的形式后，是否仍然具有相似的性质呢？即能否有

$$x_n-2\leqslant(x_{n-1}-2)\cdot\frac{1}{2}$$

呢？再则，证明不等式 $x_n-2\leqslant\frac{1}{2^{n-1}}$，是否也能像证明等比数列 $x_n-2=\frac{1}{2^{n-1}}$ 那样进行呢？想来应该是行得通的，这样我们就“找到”了求证第(2)小题的途径，即要证 $x_n\leqslant 2+\frac{1}{2^{n-1}}$，只需证 $x_n-2\leqslant\frac{1}{2^{n-1}}$. 因而又只需仿照等比数列的定义而往证

$$\frac{x_n-2}{x_{n-1}-2}\leqslant\frac{1}{2}\quad(n=2,3,4,\cdots)\tag{3}$$

当然，这儿是否真的“找到”了，即所作联想是否正确等，还要看顺着这个思路走下去，最后能否走得通.

最后，我们按上面“找到”的途径，先证不等式(3). 由条件

$$x_{n+1}=\frac{x_n^2}{2(x_n-1)}$$

知，有

$$x_n=\frac{x_{n-1}^2}{2(x_{n-1}-1)}$$

将上式两边减去 2,得

$$x_n-2=\frac{(x_{n-1}-2)^2}{2(x_{n-1}-1)}$$

于是

$$\frac{x_n-2}{x_{n-1}-2}=\frac{x_{n-1}-2}{2(x_{n-1}-1)}<\frac{x_{n-1}-1}{2(x_{n-1}-1)}=\frac{1}{2}$$

[由第(1)小题的结论知 $x_n>2$]

从而(3)获证,以下只要把(3)中的 n 分别换成 $2,3,\cdots,n$,并把所得 $(n-1)$ 个同向非负不等式相乘,即可证明原不等式.

值得注意的是,等式和不等式毕竟是两个事物,尽管它们之间有许多类同之处,但还有许多差异.我们在处理问题时,必须时刻注意这种差异.例如,本例在证得不等式 $\frac{x_n-2}{x_{n-1}-2}\leqslant\frac{1}{2}$ 成立后,就不能认为 $\{x_n-2\}$ 是一个等比数列,因为其比值不是常数,从而也就不能照搬等比数列的定义直接得出结论

$$x_n-2\leqslant\frac{1}{2^{n-1}}$$

第(3)小题同样可用类比法去找到证明途径.但因命题的条件 $n\geqslant\frac{\lg\frac{\alpha}{3}}{\lg\frac{4}{3}}$ 与结论 $x_{n+1}<3$ 相差甚远,故要先把条件变形,使之出现便于类比联想的形式之后处理之.

由 $n\geqslant\frac{\lg\frac{\alpha}{3}}{\lg\frac{4}{3}}$,可得 $\lg\left(\frac{4}{3}\right)^n\geqslant\lg\frac{\alpha}{3}$,进而得 $\left(\frac{4}{3}\right)^n\geqslant\frac{\alpha}{3}$,所以有

$$\alpha\left(\frac{3}{4}\right)^n\leqslant 3$$

至此可知,要证 $x_{n+1}<3$,只需证

$$x_{n+1}<\alpha\cdot\left(\frac{3}{4}\right)^n \tag{4}$$

以下的过程就与第(2)小题差不多了.

现把(4)与等式 $x_{n+1}=\alpha\cdot\left(\frac{3}{4}\right)^n$ 进行类比.由于它们有相似的数学对象和关系结构,而 $x_{n+1}=\alpha\cdot\left(\frac{3}{4}\right)^n$ 是一个首项为 α,公比为 $\frac{3}{4}$ 的

等比数列，这就使我们联想到证明不等式 $x_{n+1}<\alpha\cdot\left(\frac{3}{4}\right)^n$ 的方法，大概和证明一数列为等比数列的方法相似，即证明$\frac{x_{n+1}}{x_n}<\frac{3}{4}$.

具体的证明过程可这样进行.

先把条件变形，由

$$x_{n+1}=\frac{x_n^2}{2(x_n-1)}$$

可得

$$\frac{x_{n+1}}{x_n}=\frac{x_n}{2(x_n-1)}$$

再证明比值$\frac{x_n}{2(x_n-1)}$小于$\frac{3}{4}$. 用分析法易知应分 $x_n\leqslant 3$ 和 $x_n>3$ 两种情况讨论.

若 $x_n\leqslant 3$，则由第(1)小题的结论$\frac{x_{n+1}}{x_n}<1$，立即知道 $x_{n+1}<3$.

若 $x_n>3$，则由于

$$\frac{x_n}{2(x_n-1)}-\frac{3}{4}=\frac{3-x_n}{4(x_n-1)}<0$$

故

$$\frac{x_n}{2(x_n-1)}<\frac{3}{4}$$

于是有

$$\frac{x_{n+1}}{x_n}<\frac{3}{4}$$

以下证明甚易，故从略.

例 4.2.3　已知：$a,b,c\in\mathbf{R}_+$，求证：

$$a^a b^b c^c\geqslant(abc)^{\frac{a+b+c}{3}}$$

本例与例 4.2.2 都是证明不等式，在例 4.2.2 中，我们是通过等式与不等式的类比去寻找证明途径的，那么本例是否也可以照此办理呢？实践表明，此路不通，于是我们从另一角度去寻找类比对象，譬如，把三元不等式简化为二元不等式

$$a^a b^b\geqslant(ab)^{\frac{a+b}{2}}\quad(a,b>0)\tag{1}$$

不等式(1)和原不等式的类同之处是十分明显的，因而我们可把它们

作为类比对象,希望能从不等式(1)的证明中受到启发,从而能为证明原不等式找到一条正确的途径.

不等式(1)的证明方法甚简:

欲证 $a^a b^b \geqslant (ab)^{\frac{a+b}{2}}$,只需证 $a^a b^b \geqslant a^b b^a$,就是证

$$\left(\frac{a}{b}\right)^{a-b} \geqslant 1 \tag{2}$$

若 $a \geqslant b > 0$,则 $\frac{a}{b} \geqslant 1$,$a-b \geqslant 0$,不等式(2)成立.

若 $0 < a < b$,则 $0 < \frac{a}{b} < 1$,$a-b < 0$,不等式(2)同样成立.

从而不等式(1)成立.

上述证明方法的关键是将(1)变形为(2),也就是说,将不等式(1)变形为其左右两边的比值不小于 1 的形式,然后讨论证明之.对原不等式的证明,想来可仿此进行.不过,其间要注意三元轮换对称和二元轮换对称之间的差异.

欲证 $$a^a b^b c^c \geqslant (abc)^{\frac{a+b+c}{3}}$$

只需证 $$a^{2a} b^{2b} c^{2c} \geqslant a^{b+c} b^{c+a} c^{a+b}$$

即要证

$$\left(\frac{a}{b}\right)^{a-b} \cdot \left(\frac{b}{c}\right)^{b-c} \cdot \left(\frac{c}{a}\right)^{c-a} \geqslant 1 \tag{3}$$

根据字母的任意性与对称性,不妨设 $a \geqslant b \geqslant c$.那么,因为

$$\frac{a}{b} \geqslant 1, a-b \geqslant 0$$

所以 $$\left(\frac{a}{b}\right)^{a-b} \geqslant 1 \tag{4}$$

同理 $$\left(\frac{b}{c}\right)^{b-c} \geqslant 1 \tag{5}$$

又由于 $0 < \frac{c}{a} \leqslant 1$,$c-a \leqslant 0$,所以

$$\left(\frac{c}{a}\right)^{c-a} \geqslant 1 \tag{6}$$

将不等式(4)(5)(6)相乘,便证明了不等式(3),也就证明了原不等式.

不等式(1)$a^a b^b \geqslant (ab)^{\frac{a+b}{2}}$,即

$$a^a b^b \geqslant a^b b^a \tag{7}$$

而(7)的被证明，还说明了这样一个规律：

若 $a,b\in\mathbf{R}_+$，则它们的同序幂的积不小于反序幂的积. 于是有

$$b^bc^c\geqslant b^cc^b \tag{8}$$

$$c^ca^a\geqslant c^aa^c \tag{9}$$

把不等式(7)(8)(9)与原不等式比较，我们发现对原不等式的证明还可改为如下的表述形式：

由(7)×(8)×(9)得

$$a^{2a}b^{2b}c^{2c}\geqslant a^{b+c}b^{c+a}c^{a+b}$$

把上式两边乘以 $abc>0$，并适当变形，即得原不等式.

例 4.2.3 的两种证明方法(我们姑且把两种表述形式视为两种证明方法)说明，我们不仅可以模仿类比对象的证明方法，还可按照需要与可能，有条件地引用类比对象的结论. 比较例 4.2.2 与例 4.2.3 的类比过程，我们又明白，类比对象的选择是多向的. 类比法的这种多向性和结论的可沿用性，正是类比推理的活力所在，同时也决定了它具有广阔的适用范围.

顺便指出，运用类比推理，还可把例 4.2.3 推广到一般情形，即：

若 $a_i>0(i=1,2,\cdots,n)$，则

$$a_1^{a_1}\cdot a_2^{a_2}\cdot\cdots\cdot a_n^{a_n}\geqslant(a_1a_2\cdots a_n)^{\frac{a_1+a_2+\cdots+a_n}{n}}$$

它是排序原理的一个推论.

例 4.2.4　若 $C_1,C_2,\cdots,C_n$ 分别为平面上 n 个圆及其内部的点构成的集合，且 $C_i\cap C_j\cap C_s\neq\varnothing(i,j,s=1,2,\cdots,n$，且 i,j,s 两两不等).

求证：$C_1\cap C_2\cap C_3\cap\cdots\cap C_n\neq\varnothing$.

我们可能会想到用数学归纳法证明该命题，但又会立即发现，实现 k 到 $k+1$ 的推导过程是十分困难的. 于是设法寻找一个较原问题简单一点的类比对象，通过类比去探索 k 到 $k+1$ 的推导途径.

怎样寻找类比对象呢？我们知道，原问题是一个平面上的点的集问题，或者说是一个二维问题，既然例 4.2.3 可以通过减少字母个数的方法去寻找类比对象，那么，此处又为何不能用降维的方法去寻找类比对象呢？

为此,我们先对原问题作一番分析.

在原问题中,平面是二维,平面上诸圆及其内部的点集也是二维的,由 $C_i\cap C_j\cap C_s\neq\varnothing$ 可知 $C_i\cap C_j\cap C_s$ 是二维(当然,有可能它们的交集是一点,即零维,但这个细节无关大局,我们暂不考虑,下同).同样由结论知,$C_1\cap C_2\cap\cdots\cap C_n$ 也是二维.

据此,我们用这样的方法来构造类比对象.把上述分析中所有二维元素都降为一维元素,即把平面降为直线,把圆面降为该直线上的线段,那么,条件 $C_i\cap C_j\cap C_s\neq\varnothing$ 就降为任意两条线段都有公共点(注意,这里是两条而不是三条线段,这是由两个问题的差异决定的),而结论则降为 n 条线段至少有一个公共点.如此,原问题的类比对象就是下述命题:

若直线上 n 条线段中的任意两个都有公共点,则所有这些线段至少有一个公共点.

我们用数学归纳法证明这个类比对象.

(1)当 $n=2$ 时,命题显然成立.

(2)设 $n=k$ 时,命题成立,即线段 $l_1,l_2,\cdots,l_k$ 有公共部分 p.

当 $n=k+1$ 时,我们需要证明 l_{k+1} 与 p 有公共部分.

采用反证法证之.如图 4-3 所示,设 l_{k+1} 与 p 无公共部分,则在直线上的线段 l_{k+1} 与 p 之间便存在一个间隙 α,α 内至少存在一个点 A,点 A 既不在 p 上,又不在 l_{k+1} 上.因此点 A 至少不在前面 k 条线段中的某一个点上(否则,点 A 便在 p 上).设点 A 不在 l_k 上,由于 l_k 与 p 在点 A 的同侧(否则 p 便不是前面 k 条线段的公共部分),所以 l_k 与 l_{k+1} 必在点 A 的两侧,也就是说,l_k 与 l_{k+1} 被点 A 分开.这与题设中所说的"任意两条线段都有公共点"相矛盾.所以 l_{k+1} 与 p 存在公共点,并且这些公共点就是直线上所有 $k+1$ 条线段的公共点.

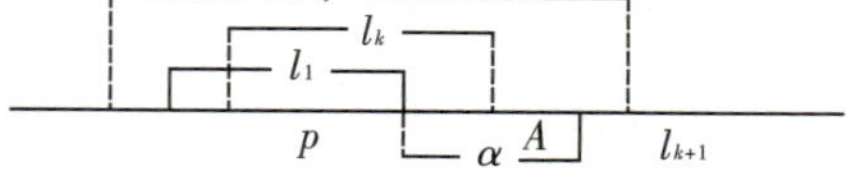

图 4-3

由(1)和(2)知命题成立.

我们把上述证明方法类推到原问题中去,同样用数学归纳法证明之.

(1)$n=3$ 时,命题显然成立.

(2)设 $n=k$ 时,命题成立,即

$$P=C_1\cap C_2\cap\cdots\cap C_k\neq\varnothing$$

那么,当 $n=k+1$ 时,我们只需证明 $C_{k+1}\cap P\neq\varnothing$.

仍用反证法证之.

如图 4-4 所示,设 $C_{k+1}\cap P=\varnothing$.

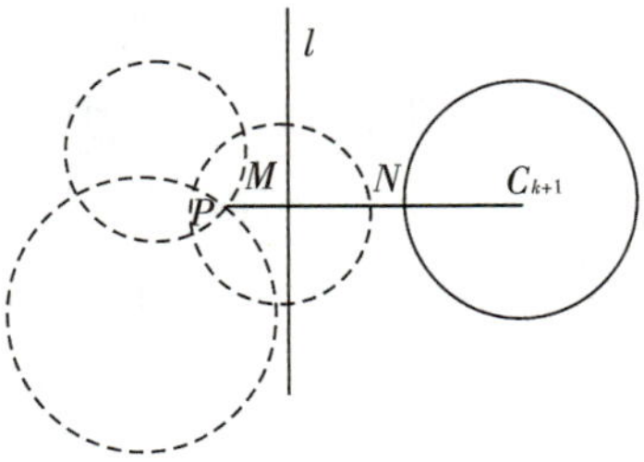

图 4-4

那么必定可以找到一条直线 l 使 P 与 C_{k+1} 分别在 l 的两侧. 该直线的作法如下:联结圆面 C_{k+1} 的圆心 C_{k+1} 与 P 上距 C_{k+1} 最近的点 M,交圆 C_{k+1} 于 N,作线段 MN 的垂线,垂足异于 M,N,此垂线为 l.

另一方面,由于 $C_1\cap C_2\cap\cdots\cap C_k=P$,而 $C_i\cap C_j\cap C_s\neq\varnothing$,即 C_1,C_2,…,C_k 都与 C_{k+1} 有公共部分,所以 C_1,C_2,…,C_k 都与直线 l 相交(或相切). 设 l 截这些圆所得弦(或切点)分别为 l_1,l_2,…,l_k,则任意两个 $l_i(i=1,2,\cdots,k)$都有公共点. 这是因为若有一点 $A\in P$,则 $A\in C_i$ 且 $A\in C_j$,又由于 $C_i\cap C_j\cap C_{k+1}\neq\varnothing$,故必有一点 $B\in C_i\cap C_j\cap C_{k+1}$,这样 A,B 两点一方面分在 l 的两侧,另一方面又同在 C_i 和 C_j 之中. 所以线段 AB 必与 l_i 和 l_j 都相交,这个交点就是 l_i 与 l_j 的公共点.

根据前述类比对象的结论知,对于在同一条直线 l 上的弦 l_1,l_2,…,l_k,如果任意两条弦都有公共点,则它们必有共同的公共点 Q,而且 $Q\in C_1\cap C_2\cap\cdots\cap C_k=P$. 如此就与 l 的作法相矛盾,故必有 $C_{k+1}\cap P\neq\varnothing$.

由(1)(2)知 $C_1\cap C_2\cap\cdots\cap C_n\neq\varnothing$.

通过上述四例,我们了解了类比推理的两个方面的应用. 其一是发现问题的结论,其二是发现解决问题的途径. 不论哪个方面的应用,关键之处都在于找到一个合适的类比对象. 同时,我们还看到,上述四例都是在数学领域内部去寻找类比对象的,它们有三维与二维、二维与一维、等式与不等式、三元与二元的类比等.这说明在数学领域内部,可进行类比的对象是十分丰富的.我们没有必要,也不可能穷举所有的类比对象.不过,有一点必须清楚,类比作为一种普遍的推理方法,其适用范围并不限于数学领域,即使是数学问题,我们也同样可到数学领域之外去寻找类比对象.如抽屉原则的建立,就是把日常生活中在几个抽屉内存放物件的现象与数学问题相类比的结果.尽管这一原则现已成为一个纯数学问题,但我们在解决某些问题时,仍可避开该原则中的抽象结论,而直接把抽屉作为类比的原型,以寻求问题的结论或解决的途径.

例 4.2.5 平面上有两个定点 A,B 和任意的四点 P_1,P_2,P_3,P_4,求证四个点中至少有两个点 P_i,P_j($i\neq j$),使

$$|\sin\angle AP_iB-\sin\angle AP_jB|\leqslant\frac{1}{3}$$

如所知,首先有 $0\leqslant\angle AP_iB\leqslant\pi(i=1,2,3,4)$,故 $\sin\angle AP_iB\in[0,1]$.

现把区间$[0,1]$分成三个子区间:

$$\left[0,\frac{1}{3}\right],\left[\frac{1}{3},\frac{2}{3}\right],\left[\frac{2}{3},1\right]$$

在这三个子区间中,每个子区间的二端点值之差的绝对值均不大于 $\frac{1}{3}$.因此欲证

$$|\sin\angle AP_iB-\sin\angle AP_jB|\leqslant\frac{1}{3}$$

只要证 $\sin\angle AP_1B$,$\sin\angle AP_2B$,$\sin\angle AP_3B$,$\sin\angle AP_4B$ 中至少有两个落在同一个子区间内.

我们把三个子区间理解为三个抽屉,而把四个正弦值理解为四个苹果,由于四个正弦值均在$[0,1]$上,这好比四个苹果必须放在三个抽屉内.显然,有一个抽屉至少要放两个苹果.这就是说,四个正弦值中至少有两个落在同一子区间内.于是命题得证.

4.3　联想的意义及其在化归中的作用

1. 联想的意义

联想是由某种概念而引起其他相关概念的思维形式，它与归纳、类比一样，也是一种寻找真理和发现真理的重要手段.

一般来说，联想推理有三个组成部分，或称联想三要素：

其一是上面所说的“某种概念”，它是联想的出发点，是产生联想的起因，我们称为联想因素.

其二是上述之“相关概念”，它是联想的结果，我们常据此做出某种演算或判断. 我们把“相关概念”及据此做出的判断合称为联想效应. 当然，仅仅引出“相关概念”而未作出任何判断的思维也是联想，但作为数学的联想，我们更关心能够作出正确判断的相关概念.

其三是联想因素与联想效应的相关性，这是由此及彼的线路. 这样的线路是客观存在的，不过要靠知识和想象力才能被发现，才能通行，我们称为联想线路.

除少数情形之外，数学联想中的联想因素和联想效应一般都是指数学的对象、关系结构及数学方法. 而联想线路则是这些数学知识之间的客观联系.

例如，试证 $C_n^1+2C_n^2+3C_n^3+\cdots+nC_n^n=n\cdot 2^{n-1}$.

在仔细审视之后，我们的注意力可能会集中到组合数公式的上下标都是自然数这一点上，于是我们就会由自然数而联想到数学归纳法. 在这一思维过程中，联想因素是自然数，而联想的效应是促使我们用数学归纳法去证明它，联想的线路则是自然数与数学归纳法之间的联系. 这条线路是客观存在的，然而能否被发现，却要靠“知识＋想象”.

上面所说，只是审题后可能产生的一种联想，但也可能完全不是如此，即在审题时对“自然数”未引起足够重视，而把注意力集中到了题目中的“＋”号上. 此时，“知识＋想象”会使我们联想起数列求和，于是我们便采用数列求和的常用方法，将一般项拿出来分析，即

$$
\begin{aligned}
kC_n^k&=k\frac{n(n-1)\cdots(n-k+1)}{k!}\\
&=n\cdot\frac{(n-1)(n-2)\cdots(n-k+1)}{(k-1)!}=nC_{n-1}^{k-1}
\end{aligned}
$$

从而获得的证明途径是

$$式左=n\cdot C_{n-1}^{0}+nC_{n-1}^{1}+\cdots+nC_{n-1}^{n-1}$$
$$=n\times 2^{n-1}=式右$$

在这样的联想中,联想因素是等式左边“若干个自然数之和”的形式,而联想效应是猜测待处理问题是一个“数列求和”的问题,并且使之付诸实施.联想路线则是“自然数之和”与“数列求和”之间的联系.

当然,我们的注意力还可能集中到组合数 $C_n^1, C_n^2, \cdots, C_n^n$,这就会使我们联想起二项式定理:

$$(1+x)^n=C_n^0+C_n^1x+\cdots+C_n^rx^r+\cdots+C_n^nx^n \quad (1)$$

然而,这样的形式似乎无济于事,因为展开式中没有出现求证式中的 rC_n^r 的形式.不过,我们的想象力如果再丰富一点,还可进一步作这样的探索:能否把 $C_n^rx^r$ 中的 x 的指数 r“搬”到 C_n^r“前面”去,从而得到 $r\cdot C_n^r$ 呢?假如能这样做的话,那么展开式右边与待证式左边也就相差无几了.于是“知识+想象”把客观存在的又一条线路揭示出来了.把式(1)两边对 x 求导就能获得我们所期望的效果.

基于上例的分析,我们可以看出联想推理的过程,大致如图 4-5 所示.

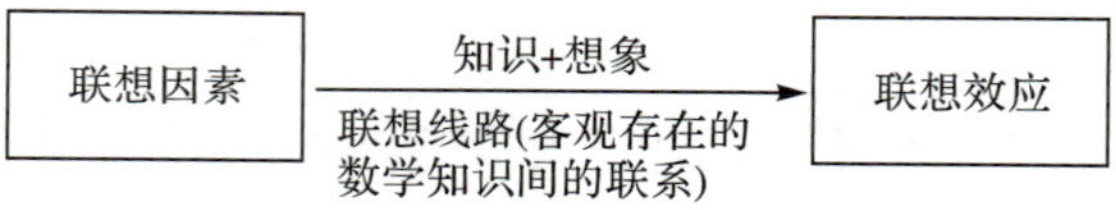

图 4-5

由上例的分析,我们又知道,联想因素产生于对问题的审视.所谓审视,它不同于一般的观察了解,而是在观察了解基础上的分析与探究,诸如对数学对象的探究,对数学关系结构的探究等.至于联想线路,则是在知识的纵横联系、因果分析等过程中被发现的.即如上例那样,我们在看过问题以后,如果既未对“自然数 n”引起注意,又未重视“+”号所反映的意义,也没有着意去探索与 C_n^r 有关的知识.总而言之,既未审视所给问题,又未联系相关知识,那就可能什么也联想不起来,即没有产生联想效应,因而也就只能望题兴叹了.

仅仅由“审视”而产生的联想,我们称为简单联想,如上例分析中提及的三次联想都属于简单联想.

所谓复杂联想是指与其他思维形式交织在一起去探索、发现问题的联想. 例如，由归纳产生的联想，由类比产生的联想，由研究对立面间的辩证关系而产生的联想等. 这种联想，一方面由于联想因素的产生和联想线路的发现的实际背景乃是归纳、类比或对立面间的辩证关系. 另一方面，其联想效应又常常通过上述思维形式反映出来. 例如，例 4.2.2 的分析思考过程中所运用的联想，就是一种复杂联想. 首先其联想因素、联想线路的获得是把 $x_n-2\leqslant\frac{1}{2^{n-1}}$ 与 $x_n-2=\frac{1}{2^{n-1}}$ 进行类比的结果，同时又是研究不等与相等的辩证关系的结果. 其次，其联想效应既是仿照 $\frac{x_n-2}{x_{n-1}-2}=\frac{1}{2}$ 而去证明 $\frac{x_n-2}{x_{n-1}-2}\leqslant\frac{1}{2}$，又是通过类比和相等与不等的辩证关系反映出来的.

无论是简单的联想还是复杂的联想，发现联想线路的困难之处在于由某一因素所引导出的联想线路往往不是唯一的，而其中哪一条联想线路才能产生联想效应呢？这就需要我们有一定的鉴别与判断能力. 例如，当我们审视了数“1”后，能联想到什么呢？图 4-6 中每一个箭头所指，都有可能作为联想线路.

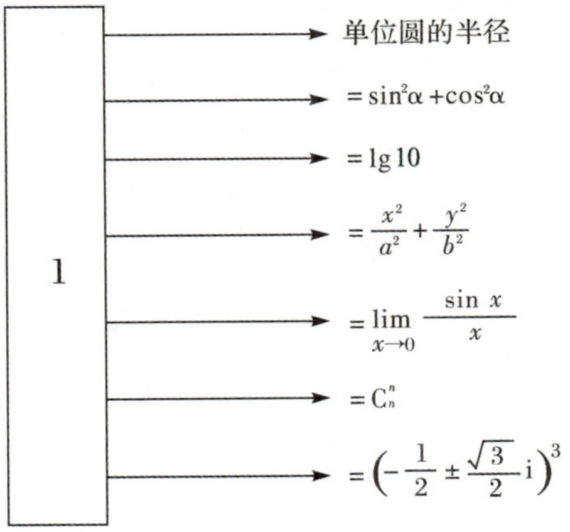

图 4-6

但是，究竟哪一个箭头所指能产生联想效应呢？常用的选择方法是根据题意鉴别或通过实践取舍等，其中值得一提的是，我们还可再次运用联想去作选择. 所以联想不仅是多向和发散的，而且是多层次的. 这种发散性和多层次性，常被我们用来进行重复联想，使各种知识间产生一种复杂的联系，甚至能使看上去毫不相干的两种知识发生某种联系，从而使我们得以发现解决问题的途径. 有关这些内容，我们将在后面的举例中说明.

2. 联想与类比的关系

联想与类比在意义上的区别是明显的，类比偏重对两类对象性质上的相同或相似因素的比较，并据此进行类推. 而联想虽也是由一个对象想到另一个对象的思维形式，但它并不受两类对象性质相似或不相似的限制. 所以联想比类比更自由，更活跃，因而发散性也更强. 前述由数"1"而引出的诸多联想线路便是一例. 但是联想与类比又有着密切的关系，如我们在复杂的联想中所提到的那样，联想与类比往往交织在一起共同探索和发现解决问题的方法. 我们在 4.2 节的其他各例中，同样也看到，在许多情况下类比对象的得来是联想的结果，而接着进行的类推工作也常常包含着联想的因素.

3. 联想在归化中的作用

联想之于化归，其主要作用是探索和发现解决问题的途径，不妨举例说明如下.

(1)简单联想的问题

如前所述，简单联想的联想因素产生于对数学对象和关系结构的审视，而联想线路的发现则依赖于知识间的纵横联系、因果分析和丰富的想象力. 所以在运用联想法探索化归途径时，我们应该有意识和有目的地致力于审视与联系，而且还要敢于想象.

例 4.3.1 设 α,β 是实系数方程

$$x^2-(2a+1)x+a+2=0$$

的虚根，并且它们的立方是实数，求 a 的值.

问题所提供的条件可分解为两部分：

(1)α,β 是实系数方程的虚根；

(2)α,β 的立方是实数.

所求 a 的值就是这两个条件构成之集合的交集.

一般的解法是从条件(1)入手，根据"实系数方程虚根成对"定理，可设 $\alpha=m+n\mathrm{i},\beta=m-n\mathrm{i}(m,n\in\mathbf{R})$，然后再利用条件(2)求解. 但是计算量较大.

让我们注意观察问题的关系结构，即可发现条件(2)显示着问题

的特征(见 1.3 节),我们抓住这个特征,联想与之相关的知识,可得以下几条联想线路(图 4-7):

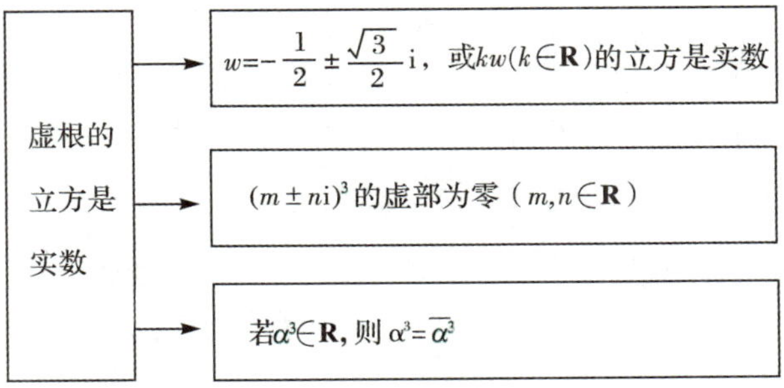

图 4-7

事实上,上述每一条联想线路所联系的相关概念,都可进一步作出正确的判断,都可据此求得 a 的值. 但是我们需要的是一条简捷的路线,因而需再进一步审视上述三个相关概念. 发现其中 $\alpha^3=\overline{\alpha^3}=\overline{\alpha}^3=\beta^3$,又进而可表示为 $\alpha^3-\beta^3=0$ 的形式,这就使我们联想起运用韦达定理求两根立方和及立方差之类的问题. 于是可得如下解法.

由 $\alpha^3-\beta^3=0$,可得

$$(\alpha-\beta)(\alpha^2+\beta^2+\alpha\beta)=0$$

进而有 $(\alpha-\beta)[(\alpha+\beta)^2-\alpha\beta]=0$. 因为 $\alpha\neq\beta$,所以运用韦达定理得

$$(2a+1)^2-(a+2)=0$$

解得

$$a=\frac{1}{4}\text{或 }a=-1$$

本例的联想过程是多层次的. 联想过程如图 4-8 所示.

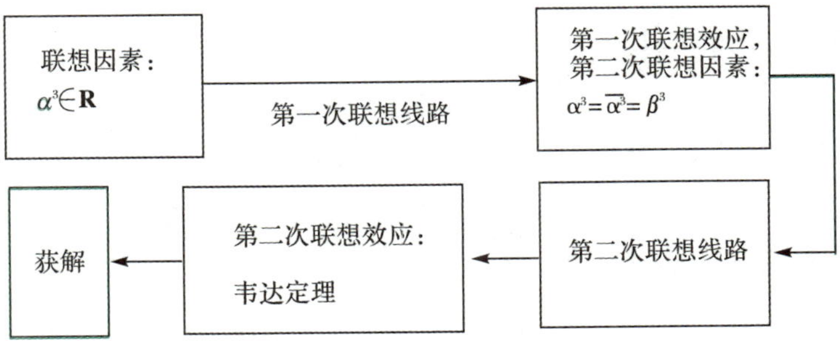

图 4-8

其中的联想线路是知识间的纵向联系.

例 4.3.2　已知:

$$a^2+b^2-kab=1 \tag{1}$$

$$c^2+d^2-kcd=1 \tag{2}$$

其中，a,b,c,d,k 都是实数，$|k|<2$，求证：$|ac-bd|\leqslant\frac{2}{\sqrt{4-k^2}}$.

初步观察问题后，发现这是一个条件不等式，因而想到用“消去法”或“三角换元法”证明，但计算量非常大.

我们重新审视问题的条件，发现式(1)与式(2)的结构完全相同，如此就产生了这样的联想：即若把其中的一个等式理解为二次曲线方程，那么另一个等式就表示某点坐标适合这个二次曲线方程. 比如，把等式(1)理解为 aOb 坐标系中的二次曲线方程(因为 $|k|<2$，所以 $\Delta=k^2-4<0$，是椭圆型)，那么等式(2)表示点(c,d)在这条曲线上.

但在做了这样的联想后，证明途径还是茫然无绪. 我们再审视问题的结论. 如果把求证式中的 $ac-bd$ 设为 α，即 $\alpha=ac-bd$，那么就会使我们联想起 aOb 坐标系中的直线系方程

$$c\cdot a-d\cdot b-\alpha=0 \tag{3}$$

由于其中的 a,b 的值必须满足条件 $a^2+b^2-kab=1$，所以直线系与椭圆应有公共点.

通过这样两次联想，我们便可进一步确认 α 的值应使方程组

$$\begin{cases}c\cdot a-d\cdot b-\alpha=0 & (3)\\ a^2+b^2-kab=1 & (1)\end{cases}$$

有实数解. 在式(1)和式(3)中消去 b，并注意运用点(c,d)在椭圆上，整理得

$$a^2+(kd\alpha-2cd)a+\alpha^2-d^2=0$$

其判别式必非负，即有

$$\Delta=(kd\alpha-2cd)^2-4(\alpha^2-d^2)\geqslant 0$$

再次运用点(c,d)在椭圆上而把上述不等式整理为

$$(4-k^2)d^2\cdot\alpha^2\leqslant 4d^2$$

由于 $4-k^2>0$，所以有

$$\alpha^2\leqslant\frac{4}{4-k^2}$$

进而得 $|\alpha|\leqslant\frac{2}{\sqrt{4-k^2}}$. 即

$$|ac-bd|\leqslant\frac{2}{\sqrt{4-k^2}}$$

本例的思考过程与例 4.3.1 相似，也用到了两次联想. 但例4.3.1的两次联想是重叠的，而本例的两次联想则是并列的，如图 4-9 所示. 其中的联想线路是知识间的横向(数与形)联系.

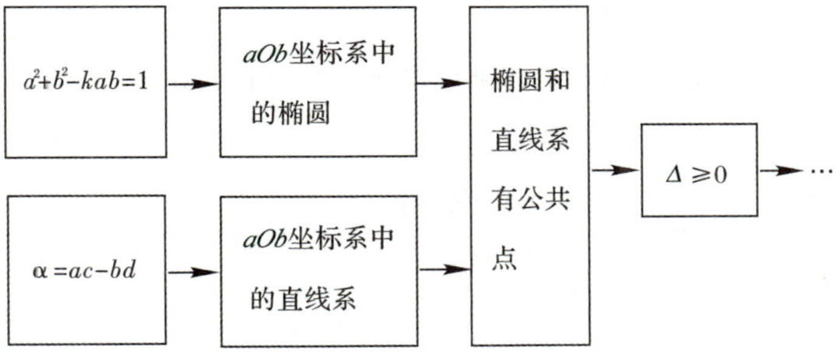

图 4-9

知识间的横向联系是联想思维中最生动活泼的一条联想线路，它常别开生面，使我们获得一条解决问题的捷径.

例 4.3.3　在坐标平面 xOy 上，已知三条直线

$$l_1: x\cos 3\alpha + y\cos\alpha = a$$

$$l_2: x\cos 3\beta + y\cos\beta = a$$

$$l_3: x\cos 3\gamma + y\cos\gamma = a$$

相交于一点(交点不在坐标轴上). 求证：$\cos\alpha+\cos\beta+\cos\gamma=0$.

如果用三角方法证明，则过程相当繁杂. 现在让我们运用联想的手段来寻找一条简捷的证明途径.

为了便于联想，我们先把条件作如下变形：把直线方程中的 3α，3β，3γ 的余弦化为 α，β，γ 的余弦，并设三条直线交于点$(x_0, y_0)$$(x_0\neq 0, y_0\neq 0)$，得下面三个式子：

$$x_0(4\cos^3\alpha - 3\cos\alpha) + y_0\cos\alpha = a \quad (1)$$

$$x_0(4\cos^3\beta - 3\cos\beta) + y_0\cos\beta = a \quad (2)$$

$$x_0(4\cos^3\gamma - 3\cos\gamma) + y_0\cos\gamma = a \quad (3)$$

试观察和分析上述三个式子的特点，发现它们的关系结构完全相同，仅仅是 x_0 与 y_0 的系数中之角 α，β，γ 互不相同而已. 这种特殊的关系结构使我们联想到方程之解的定义，即我们可以把 $\cos\alpha$，$\cos\beta$，$\cos\gamma$ 理解为关于 t 的三次方程

$$x_0(4t^3-3t)+y_0t=a \quad (x_0\neq 0, y_0\neq 0)$$

的三个根，而上式可整理为

$$4x_0t^3-(3x_0-y_0)t-a=0 \quad (x_0\neq 0, y_0\neq 0)$$

于是由韦达定理知

$$\cos\alpha+\cos\beta+\cos\gamma=0$$

(2)复杂联想的例题

如前所述,复杂联想是一种与其他思维形式交织在一起的联想形式.我们曾指出例4.2.1是一个与类比推理交织在一起的复杂联想的例子.下面通过举例,讨论一种由研究对立面的辩证关系所产生的联想.

例 4.3.4 设 a,b 是两个实数.

集合 $A=\{(x,y)\mid x=n, y=na+b, n\in\mathbf{Z}\}$

集合 $B=\{(x,y)\mid x=m, y=3m^2+15, m\in\mathbf{Z}\}$

集合 $C=\{(x,y)\mid x^2+y^2\leqslant 144\}$

是平面 xOy 内的点集.试问是否存在实数 a,b 能同时满足如下两个条件:

(1) $A\cap B\neq\varnothing$;

(2) $(a,b)\in C$.

现设计这样一种求解方案:先假定存在 $a,b\in\mathbf{R}$ 能使条件(1)成立,再检查这样的 a,b 值能否同时满足条件(2).

设存在 $a,b\in\mathbf{R}$ 使得 $A\cap B\neq\varnothing$,于是这样的 a,b 必能使方程组

$$\begin{cases}y=ax+b\\ y=3x^2+15\end{cases}$$

有整数解(由题设知 $x,y\in\mathbf{Z}$),即能使方程

$$ax+b=3x^2+15 \tag{1}$$

有整数解.

接着检查这样的 a,b 值是否同时满足条件(2),是否有 $(a,b)\in C$,即不等式

$$a^2+b^2\leqslant 144 \tag{2}$$

是否成立.

这一检查工作正是本例的难点.

现在我们来研究式(1)中的 a,b,x 之间的关系,其中 a,b 是已知量,而 x 是未知量,两者是对立的,但它们共处在一个等式之中,尤为重要的是它们都处在可变状态之中.因而它们又是统一的,即两者之

间具有同一性，我们能否利用它们的同一性而促使对立双方互易其位呢？也就是能否将 a,b 当作未知量，而将 x 作为已知量来看待呢？

根据这样的联想，我们试着把方程(1)变形为

$$x \cdot a + b - (3x^2 + 15) = 0 \tag{3}$$

而方程(3)使我们进一步联想到 aOb 坐标中的直线系方程($x \in \mathbf{Z}$，x 为参数). 这样不等式(2)也可视为同一坐标系中以原点为圆心、以 12 为半径的圆及其内部.

根据上面先后两次联想，所要检查的"这样的 a,b 值是否同时满足条件(1)与条件(2)"即可转变为检查"是否存在整数 x，使直线系和圆(及其内部)有公共点".

后一个"检查"显然比前一个"检查"容易进行，只需比较圆心(0,0)到直线系的距离 d 与圆半径 12 的大小即可. 因为

$$d = \frac{3x^2+15}{\sqrt{x^2+1}} = \frac{3(x^2+1)+12}{\sqrt{x^2+1}}$$

$$= 3\sqrt{x^2+1} + \frac{12}{\sqrt{x^2+1}} \geqslant 12$$

其中"="号，当且仅当 $x=\pm\sqrt{3}$ 时成立，所以当 $x\in\mathbf{Z}$ 时，总有 $d>12$，即直线系与圆相离，也就是不存在 $a,b\in\mathbf{R}$，能使条件(1)、条件(2)同时成立.

在本例之思考过程中，前后两次联想都是实现化归的关键，而其中前一次联想，即利用已知量与未知量的同一性，使之互易其位，则是实现化归的转折点，也是本解法的核心.

下面再举例讨论有关一种与多种思维形式交织在一起的联想.

例 4.3.5　求数列

$$a,b,c,a,b,c,a,b,c,\cdots \tag{1}$$

的通项公式.

假如认为该数列的通项公式很难找，则不妨从研究其简化的类比对象入手，即试求

$$a,b,a,b,a,b,\cdots \tag{2}$$

的通项公式.

但数列(2)的通项公式还是不大好找. 但已能使我们联想到数列

$$1,0,1,0,1,0,\cdots \tag{3}$$

显然数列(3)不过是数列(2)的特例，且其通项公式早已为我们所熟知，即

$$a_{n_3} = \frac{1^{n+1}+(-1)^{n+1}}{2} \quad (n\in\mathbf{N})$$

因此利用因果归纳就不难发现数列(2)的通项公式是

$$a_{n_2}=\frac{1^{n+1}+(-1)^{n+1}}{2}a+\frac{1^n+(-1)^n}{2}b \quad (n\in \mathbf{N})$$

根据类比原理,我们猜测数列(1)的通项公式是

$$a_{n_1}=\frac{f_1(\alpha)+f_2(\beta)+f_3(\gamma)}{3}\cdot a+\frac{\phi_1(\alpha)+\phi_2(\beta)+\phi_3(\gamma)}{3}\cdot b+\frac{g_1(\alpha)+g_2(\beta)+g_3(\gamma)}{3}\cdot c$$

的形式. 现在的问题是找到适当的 α,β,γ,以使上述 a 的系数能周期地呈现为

$$1,0,0,1,0,0,1,0,0,\cdots$$

的形式. 同时使上述 b 与 c 的系数也分别周期地呈现为

$$0,1,0,0,1,0,0,1,0,\cdots$$

和

$$0,0,1,0,0,1,\cdots$$

的形式.

这使我们联想到有关 $w=-\frac{1}{2}+\frac{\sqrt{3}}{2}\mathrm{i}$ 的知识:

$$1+w+w^2=0,\quad 1+w^2+w^4=0,\quad 1+w^3+w^6=3$$

现运用 w,并调节其指数,显然可以满足上述要求,于是得到数列(1)的一个通项公式为

$$a_{n_1}=\frac{1+w^{n+2}+w^{2(n+2)}}{3}a+\frac{1+w^{n+1}+w^{2(n+1)}}{3}b+\frac{1+w^n+w^{2n}}{3}c$$

本例的思考过程可用线路图表示为图 4-10.

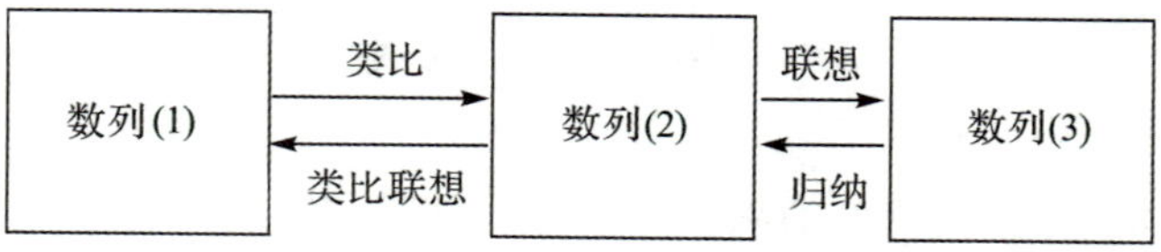

图 4-10

这线路图也十分清楚地表明,联想是如何与归纳类比交织在一起而共同探索化归途径并发现问题结论的.

参考文献

[1] 徐利治. 数学方法论选讲[M]. 武汉：华中科技大学出版社，1983.

[2] 波利亚. 怎样解题[M]. 阎育苏，译. 北京：科学出版社，1982.

[3] 朱梧槚，肖奚安. 数学方法论 ABC[M]. 沈阳：辽宁教育出版社，1986.

[4] 拉松. 通过问题学解题[M]. 陶懋颀，等译. 合肥：安徽教育出版社，1986.

[5] 郑毓信. 数学方法论入门[M]. 杭州：浙江教育出版社，1985.

数学高端科普出版书目

数学家思想文库	
书　名	作　者
创造自主的数学研究	华罗庚著;李文林编订
做好的数学	陈省身著;张奠宙,王善平编
埃尔朗根纲领——关于现代几何学研究的比较考察	[德]F. 克莱因著;何绍庚,郭书春译
我是怎么成为数学家的	[俄]柯尔莫戈洛夫著;姚芳,刘岩瑜,吴帆编译
诗魂数学家的沉思——赫尔曼·外尔论数学文化	[德]赫尔曼·外尔著;袁向东等编译
数学问题——希尔伯特在1900年国际数学家大会上的演讲	[德]D. 希尔伯特著;李文林,袁向东编译
数学在科学和社会中的作用	[美]冯·诺伊曼著;程钊,王丽霞,杨静编译
一个数学家的辩白	[英]G. H. 哈代著;李文林,戴宗铎,高嵘编译
数学的统一性——阿蒂亚的数学观	[英]M. F. 阿蒂亚著;袁向东等编译
数学的建筑	[法]布尔巴基著;胡作玄编译

数学科学文化理念传播丛书·第一辑	
书　名	作　者
数学的本性	[美]莫里兹编著;朱剑英编译
无穷的玩艺——数学的探索与旅行	[匈]罗兹·佩特著;朱梧槚,袁相碗,郑毓信译
康托尔的无穷的数学和哲学	[美]周·道本著;郑毓信,刘晓力编译
数学领域中的发明心理学	[法]阿达玛著;陈植荫,肖奚安译
混沌与均衡纵横谈	梁美灵,王则柯著
数学方法溯源	欧阳绛著
数学中的美学方法	徐本顺,殷启正著
中国古代数学思想	孙宏安著
数学证明是怎样的一项数学活动?	萧文强著
数学中的矛盾转换法	徐利治,郑毓信著
数学与智力游戏	倪进,朱明书著
化归与归纳·类比·联想	史久一,朱梧槚著

数学科学文化理念传播丛书·第二辑	
书　名	作　者
数学与教育	丁石孙,张祖贵著
数学与文化	齐民友著
数学与思维	徐利治,王前著
数学与经济	史树中著
数学与创造	张楚廷著
数学与哲学	张景中著
数学与社会	胡作玄著

走向数学丛书	
书　名	作　者
有限域及其应用	冯克勤,廖群英著
凸性	史树中著
同伦方法纵横谈	王则柯著
绳圈的数学	姜伯驹著
拉姆塞理论——入门和故事	李乔,李雨生著
复数、复函数及其应用	张顺燕著
数学模型选谈	华罗庚,王元著
极小曲面	陈维桓著
波利亚计数定理	萧文强著
椭圆曲线	颜松远著